頂級主廚無國界海味饗宴87道

海鮮料理創意技法

[*Sea Gastronomy*]

前言

若要表現「日本特有的美饌佳餚」，
海鮮無疑是最佳選擇。

四面環海又有富饒的山河資源，
如此得天獨厚的條件，為日本一年四季皆帶來各式各樣的海鮮。
再加上，日本人習慣品嘗當季盛產海鮮的文化、
評斷其新鮮度及品質的敏銳味覺、
為讓美味更上一層樓而發達的物流和烹調技術。
即便不是日式料理，一樣能將海鮮的美味發揮得淋漓盡致。

倘若不受料理的類型和固有表現形式所束縛，
而是發揮日本特有的感性
去真誠面對並挖掘海鮮本身的個性，
那麼各種烹調方式又會創造出何種美味呢？

源自日本的創新海鮮美饌。
本書採訪了5位當前最活躍、擅長海鮮料理的主廚，
介紹其嶄新的觀點及料理。

目次

第二章

吉武広樹

Restaurant Sola

第三章

井上和洋

Restaurant UOZEN

第四章

相原薰

Simplicité

第五章

本多誠一

ZURRIOLA

在使用本書之前

＊本書所介紹的「海鮮料理」包含開胃菜、前菜，以及所有魚類料理。
＊彩頁中附有各種料理製作的過程照片，以及精簡的作法提要。詳細食譜則是刊載在書末。

〈關於食譜〉
＊書末食譜中記載的材料分量、火力、加熱時間僅供參考。由於各項條件都會隨使用的食材、製作1次的分量、器具等改變，因此請視實際情況做適度的調整。
＊預先調味用的鹽巴、油炸油等，有時不會特別標示在材料表中。
＊食譜的奶油除非有特別指定，否則都是使用無鹽奶油。
＊鮮奶油後方括號內的百分比為乳脂肪含量。

PROLOGUE

［序章］

聚焦海鮮

5名主廚各自分享他們
對於海鮮的觀點、信念，
以及料理的基本概念。

pesceco

—

TAKAHIRO INOUE

井上稔浩

出生於長崎縣，老家在經營鮮魚鋪。於調理師學校畢業後成為背包客，在日本國內與海外四處旅行。23歲時在父親經營的鮮魚鋪隔壁開了居酒屋；2014年，在當時「鄉土義式料理」的趨勢下，獨立開設「pesceco」。之後在累積經驗的過程中同時尋找方向性，最後藉著2018年遷移店址的機會將義式料理的招牌卸下，正式轉型成「里濱美食」（里濱類似於里山的概念，但改以海濱為主）。「不受類型限制，運用當地食材做出這塊土地特有的料理」為其追求的目標。

pesceco
日本長崎縣島原市新馬場町223-1
Tel. 0957-73-9014
https://pesceco.com

清晨，捕撈上岸的漁獲都將會聚集在島原的漁港裡。

托父親的福，早上6點左右向他經營的鮮魚鋪採買漁獲，我再到田裡請農家分一些蔬菜給我。忙碌的1天就此展開。首先，我會視食材的情況來決定今天的套餐內容，然後思考魚的特性和出餐順序，同時在腦中整理事前處理的步驟。我會先在餐廳隔壁的父親店裡，依序進行剖魚、破壞神經等最開頭的處理，之後再急忙回到餐廳的廚房繼續做事前準備。接著12點營業時間一到，開始將一盤又一盤的料理呈現在客人面前……這便是我每天的例行公事。

只提供未經熟成的新鮮貨

我當初開店時原本是打著義式料理的名號，不過現在沒有侷限於特定的風格，而是依照自己的感覺，將當地的大自然恩惠呈現在餐盤上。我的出發點，是想要將只有特地來到島原這個地方才能品嘗到的味道提供給顧客，而使用還能感受到自然氣息的當天清晨現撈漁獲和蔬菜，是我最基本的堅持。

當然以魚來說，所謂的美味不光是只有新鮮而已，使其熟成以增添美味程度也是日本的文化。但是在自己的店裡，那並非我所追求的目標。我想要傳達的是在魚死後僵硬之前，也就是最接近魚在海中狀態的那種氣味和口感。因此，我堅持只使用當天從島原港捕撈上岸的魚。我不會事先下訂、要漁夫幫忙留貨，換句話說，我並不會使用在水槽裡活很久或泡過冰塊的魚，而是風味純淨的鮮魚。

順帶一提，有一種說法是最好讓魚在水槽裡活到內臟中的食物消化完為止，但是我認為只要在臭味轉移到魚肉之前處理好就不會有問題。只不過這麼一來，水和速度就是關鍵了。對海鮮進行活締處理後要立刻去除內臟，然後馬上水洗、馬上拭乾水分，再盡可能迅速切成3片。

水洗固然重要，但是水用太多反而會讓魚肉吸收水分，因此我們店使用的水量比一般魚鋪要少很

追求只有來到這裡才品嘗得到的「產地力」。

魚的事前處理是靠時間決勝負，有時還會往返餐廳隔壁的鮮魚鋪和廚房好幾趟。夏天是5點30分左右，冬天則是霜融後的8點過後會去田裡。　右下）鮮魚鋪的門簾上，有4歲的第三個兒子寫的魚字。看了這個字，讓人重新認識到「魚＝自山、田、海中誕生」。

多。每個階段的用水量都控制在最少，並且徹底將水分去除。為此，我們一共會使用3種紙──能迅速吸取水分的白報紙，不會傷害魚皮和魚肉的廚房紙巾，能更徹底吸收水氣的加厚款廚房紙巾。

剛剖好的魚味道較淡，因此各種魚需要用各自適合的方法抹上鹽巴並靜置一段時間，將鮮味帶出來。這個步驟堪稱是最後的重要關鍵。即便是同樣的魚，魚肉的氣味也會隨著季節、攝取食物的不同而異，又或者是今天的魚肝比較大等等，會出現各式各樣的變化。因此我會配合眼前這尾魚的特性，瞬間判斷應該用何種方式去突顯其美味，以及料理的整體呈現方式。這種敏銳的辨別與感受，是從每天以反覆的相同流程處理當地魚種中訓練出來的，而我也從中獲得源源不絕的料理靈感。

以不同於日本料理的邏輯，
探求日本魚的美味

為了發揮魚的自然風味，調味基本上必須簡單。尤其在前菜的部分，因為希望客人享受生食的口感，多半以油脂來釋放魚的氣味、利用魚醬提升鮮味，以及利用醋或柑橘等的酸味來取得平衡等等的手法。

我的料理從處理魚開始，到鹽麴、魚醬等的使用，都大大運用了日本的飲食文化。但若要說我的料理是日本料理卻又有所不同，而且也不是混合日式風格的料理。

日本料理有日本料理自己屹立不搖的邏輯，至於我的料理應該算是以與其相異的邏輯去探究「日本魚的美味」吧。我認為從中應該能夠挖掘到日本特有美食的可能性。

從前，我曾經拜託農家種植義大利蔬菜，因為我想使用紅蔥頭，也想使用白蘆筍。但是如今隨著每天都到田裡去之後，我的想法改變了。開始覺得自己應該使用這裡原有的東西，也對於這片土地產生了要肩負起食材或文化的責任感。

我想，今後美食這個名詞所代表的世界觀也會漸漸改變吧。美食在豐富人們心靈的同時，背後卻也隱藏著為了追求美味，不惜讓人們、食材及環境做出犧牲的矛盾。但是，現在的時代應該已經不能對這份矛盾裝作視而不見了。

我的理想是透過我的料理讓顧客開心、讓生產者開心，進而促進地方繁榮，讓這片土地的自然和文化能夠不斷地被延續下去。即便是對當地人而言很普通的魚和蔬菜，倘若能夠使它們在餐盤上閃閃發光，吸引人們從世界各地前來品嘗，那便會成為屬於我們的佳餚美饌。

在與我所信賴，以及信賴我的漁業、農業、酪農、養豬戶和製作火腿的生產者們往來的過程中，我深深感受到料理是在彼此緊密的連結之下誕生。但願往後我能夠繼續加深並壯大這份連結。

Restaurant Sola

HIROKI YOSHITAKE

吉武広樹

出生於佐賀縣。於調理師學校畢業後，在東京澀谷的「La Rochelle」學藝。之後花了1年時間，在將近40個國家到處旅行。經歷在「Astrance」（巴黎）工作、在新加坡開業之後，於2010年30歲時在巴黎開設「Restaurant Sola」，隔年便因獲得米其林一星的肯定而深受矚目。2018年將據點移至日本，12月在福岡博多港開設現在這家店。店內附設食物實驗室，作為從事包括菜色開發、外燴、產品銷售事業在內的Sola Factory，進行各項飲食活動。

Restaurant Sola
日本福岡縣福岡市博多區築港本町13-6
灣岸廣場博多C館2F
Tel. 092-409-0830
https://sola-factory.com

我為在巴黎的事業劃下句點後，在面對博多港的設施成立Sola Factory至今已邁入第四年。

自開業之初，我的目標便是在看得見海的地方，打造1個快樂餐桌，讓人們可以盡情享用料理和美酒。我想透過餐廳的力量去創造出樞紐般的存在，將飲食與社會、日本與亞洲連結起來。而隨著獨立的實驗室也於2022年成立，外燴等各項事業也正式開始啟動。

如何表現「只有此時此地才能品嘗到」

餐廳的菜單上只有一種套餐，其中包含小開胃菜在內，總共有約10道菜。和以前在巴黎相比，現在使用海鮮的比重增加了，大約占整體的8成——雖說是海鮮料理，其實是以九州地區的「海鮮與蔬菜」為主題。

雖然我從在巴黎時就相當重視「簡單易懂的美味」，不過來到福岡後我變得更加注重這點。因為是位於海邊的餐廳，能夠放鬆心情、直覺地享受美味比什麼都來得更加重要。在海鮮方面，我們大半都是使用柴火、炭火、鐵板來進行烹調。除了因為海水的氣味和網烤的香氣非常搭，火焰燃燒的景象也能帶給客人「只有此時此地才能品嘗到」的氛圍和美味。

皆能使用木炭和木柴的烤台，是我開業時向南部鐵器的製造商特別訂製的。

以柴火加熱時，我不會讓木柴燒得通紅後花時間慢慢烤，而是「升起大火，讓食材在帶有木柴香氣的同時快速烤過」。由於火的能量本身非常輕盈，因此有需要的食材會事先加熱過。

簡言之，在暗中會先進行包括先進器具在內的現代化加熱方式，呈現在客人面前的，則是憑廚師的技術決勝負的原始加熱方式。

追求能夠直觀地品嘗、享受的「簡單易懂的美味」。

左）南部鐵器的柴燒、炭燒窯。在抽屜式的爐床放入熱源。木柴是利用2017年在福岡縣朝岡市被豪雨沖倒的流木。　右上）露台的盆栽裡栽種了蔬菜和香草。　右下）食物實驗室位於同一座設施的其他棟內。負責處理產品銷售、外燴等。

儘管全世界都在流行使用木柴或炭火製作料理，但是說到底，我想往後美食發展的重要趨勢，或許是將以下兩者結合在一起：充分運用先進技術以提高精確度和可能性的部分，以及由「人類」感性所掌控的部分。無論在料理抑或經營方面，我都希望能夠讓兩者達成極致的融合與平衡。

本餐廳所使用的蔬菜產自鄰近福岡縣的糸島市，味道濃郁且充滿生命力，非常易於與海鮮搭配。用木柴或木炭烤過後風味會更加強烈，像是烤茄子、烤甜椒等，吃起來的味道就跟義大利的熟食一樣令人驚豔。九州的氣候或許更接近義大利吧。來到福岡之後，我發現尤其到了夏天，就連料理也變得稍微接近義大利風格了。

海鮮雖然也是以福岡附近的漁獲為主，但絕對不是只使用當地的食材。因為一旦有了「地產地銷」的思想觀念，料理就會變得不有趣了。

我身為法國料理的廚師，既然知道肥肝或螯龍蝦有多美味，想要使用它們的心情自然也成為我創作料理的原動力；同時，我也想滿足自己的好奇心，試看看將國外食材和當地食材結合起來會迸出何種火花。考量過各方面的平衡，適合的話我也會使用產自遠方的食材。

順帶一提，我會選擇糸島的蔬菜是因為美味、是因為生產者充滿幹勁，我才想以行動來支持他們。我並非單純以距離為考量，而是支持應該支持的人，就這麼簡單。

透過餐廳、外燴、活動、網購來豐富「飲食」

考量飲食文化的可持續性也是我們的行動方針之一。因為是以海鮮為主的料理，所以我時常都在思索關於水產資源的問題。然而不可諱言的，愈是研究，我就愈是深切感受到自己的能力有所極限。在這種情況下，我認為我們該做的不是保持高高在上的態度，而是一件件地從身邊的事情開始做起。也就是以適當的價格購買被適當捕撈的漁獲，還有積極使用因為有瑕疵而無法擺到市場販售的魚。另外，投入冷凍市場也是其中之一。

聽說超商也因為冷凍食品展示櫃的空間增加，使得食物浪費的情況等比例減少了。我們公司引進了利用磁力急速冷凍的普騰凍結機。只要利用這台凍結機冷凍經過事前處理的魚，就能減少食材劣化和解凍時產生的水珠。而且在便宜的時候大量進貨並冷凍起來，也能對穩定價格和減少食物浪費做出貢獻。我希望透過產品銷售、外燴等來擴大規模，讓顧客除了在餐廳享用海鮮料理外，也能經由其他管道品嘗到各式各樣豐富的美味。

雖然新冠疫情讓人們不得不停下腳步，我仍趁著停業期間改良工廠的技術，讓公司的體質變得更加強健，繼續朝著藉由健全的美食將生產者與消費者串連起來的目標前進。

Restaurant UOZEN

KAZUHIRO INOUE

井上和洋

出生於香川縣，大學畢業後進入「KIHACHI」工作。之後在東京都內幾間店鋪學藝，參與亞洲、法國、環太平洋等各式料理的製作及店鋪營運。2005年，開設以食品安全、與生產者合作為主題的有機餐廳「HOKU」（東京池尻）。2013年遷居至新潟縣三条市，開設現在的這家店。享受自己種菜、到海裡釣魚、在山上打獵的樂趣之餘，一邊探求活用那些食材的料理與生活風格。

Restaurant UOZEN

日本新潟縣三条市東大崎1-10-69-8
Tel. 0256-38-4179
http://UOZEN.jp/

我是在2013年將妻子娘家原本的料亭加以翻修，開始經營餐廳。常有人因為「UOZEN」這個店名而以為這是間魚料理專賣店（漢字可以寫作「魚膳」），但其實我是沿用了原本的料亭名稱。現在店內包括海鮮在內，是用「chasse（打獵）、pêche（捕魚）、nature（大自然）」為主題，以套餐的形式提供使用新潟當地食材、只有在這裡才能品嘗得到的料理。

其實我並沒有特別想要實行地產地銷這件事，當初從東京搬來這裡時，我單純只是抱著想要一邊在鄉下種田釣魚，一邊隨興地從事餐飲業的想法。至於新潟的魚……再怎麼樣我也頂多只能想到紅喉魚而已。但在後來，我自己開船去釣魚，並且在別人的邀請下開始打獵，又因為都進到山裡了也就開始採集山菜和溪釣，於是隨著興趣不斷增加，我開始慢慢將「獲取食材」和「烹調料理」這兩者連結在一起。

正因為對「獲取」這件事有所瞭解，我開始看見食材的個性，並且產生強烈的念頭想讓食材的美味昇華到不同的層次。由於在現場認識的各路專家也都不吝教導我寶貴的知識，於是在1、2年後，我也學會了如何鑑別食材，並且找到「以新潟的食材創造出美味料理」的方向性。

以秋冬野味、春夏海鮮為重點

現在的我全年都會下田工作，春天開始會去採集山菜、釣魚，到了秋冬則會去打獵，像這樣抱著享受興趣的心態在籌措食材，不過當然還是有許多食材是從市場購入。雖然想做的事情很多，但畢竟能做的事情還是有限。備貨、採買、保存、正式烹調，關於該將重心放在何者上這個問題……開業至今9年，各個季節的工作比重總算是穩定下來了。

目前店內就只有提供一種套餐。包括甜點在內總共約12道菜，於春夏時節會提高海鮮料理的比例，在秋冬則會有較多的野味料理。

左）餐廳佇立在廣闊的田園之中。　右）除了使用炭火、柴火的烤網外，又新添購了石窯，讓加熱方式有更多樣的選擇。窯內最高溫度將近500℃，來自上方的熱度會包覆食材，溫和地使食材熟透。目前還在摸索能夠發揮這項特性的加熱方式。

主題是「打獵、捕魚與大自然」。讓顧客從餐盤中感受到生命力。

新潟縣境內有許多河川，再加上直到佐渡島的海域有著豐富的浮游生物，使得海鮮的種類也非常多樣。但儘管如此，還是會有因海相不佳而無法出海捕撈的時期。另外，由於夏季時漁夫會停止使用底拖網的漁法，導致市場上的魚種大幅減少；同樣的，初春的蔬菜供應也會有段青黃不接的時期，而要如何解決這點就成了非常迫切的問題。畢竟我們必須以當地食材，為從都市遠道而來的客人製作出富有變化且每道都令人印象深刻的料理。

幸好，夏天時我自己釣的紅喉魚、東洋鱸、鱈魚（雖然沒有魚膘，但因為處於產卵前的大量進食期，所以魚肉非常美味）有助於解決魚種不足的問題。使用淡水魚製作的料理也會慢慢增加。

其次，同1條魚除了魚排外，我也會使用內臟和皮等部位。比方說，鮟鱇魚會將其內臟或魚皮也做成法式凍派；鮪魚的話，則會把胃袋或心臟也拿來做成料理。我會這麼做，某方面當然也是想要將魚的個性毫無保留地表現出來，因此從1條魚身上找出各種美味元素便成了必然的課題。

也在海鮮中使用野味精華

順帶一提，我店內的鮪魚內臟並非從市面上購買而來，而是我自己釣到後在船上剖開取出、泡入冰塊，然後帶回家馬上進行事前處理。當場處理可以將肉、內臟、皮和骨頭做完整的運用，這點基本上無論是野味還是魚都一樣。自從自己捕獲食材之後，我看待料理的觀點就變得開闊起來、沒有邊界感了。

事實上，我經常使用野味清湯當作海鮮料理的基底。我會用雞湯底熬煮冬季捕獲之各種野味的骨頭、邊角肉，去除雜質後冷凍起來，之後將這個湯底做成湯或凍來搭配海鮮料理。也會在製作部分的海鮮湯時，用事先另外保存的二次野味清湯來熬製。野味的鮮味強烈，而且在舌頭上的觸感輕盈，因此能夠賦予海鮮更多的層次感卻又不損其風味。除此之外，我也會在海鮮料理中有效運用鹽醃熊背脂（Lardo）、改用鹿肉乾而非鰹魚乾。

我會將野味和海鮮搭配在一起，是因為這對於這家店一整年的營運而言是很自然且合理的作法。至於料理本身，為了不讓人感覺過於複雜，我時時都謹記著要盡力做到料理保持簡單易懂，呈現出讓客人一吃就覺得美味的味道。

不管怎麼說，海鮮料理最重要的就是「鹽」。如果沒有鹽巴的鹹味，就襯托不出海鮮的鮮甜。這是最基本的重點。

關於料理最終的組成，我所注重的應該是口感和鮮味的呈現吧。因為我認為咀嚼帶來的刺激會將味道情報傳遞至大腦，微小而鮮明的鮮味則會讓食材的風味輪廓更顯鮮明。而在這個部分上，我使用的是新潟在地的元素。例如用醋漬蜂斗菜來取代酸豆，使用米香而不是麵包丁。另外我也會將自家栽種、新潟特產的神樂南蠻辣椒磨成粉，取代法國的Piment D'Espelette辣椒粉來使用。

Simplicité

—

KAORU AIHARA

相原薰

出生於神奈川縣。1994年開始在神奈川葉山的「LA MAREE DE CHAYA」學習料理。2000年前往法國，在尼姆、伯恩，以及瑞士日內瓦等地的餐廳累積約3年的經驗。回國後擔任「銀座L'ecrin」（東京銀座）的副主廚、「Reverence」（東京廣尾）、「Valinor」（東京荻窪）的主廚，2018年獨立開設以「魚」為主題的這家店。

我決定將魚當作自己的主題，是2012～2013年在上一家工作的店「Valinor」擔任主廚時。在現今的美食業界，我應該往哪方面去最大程度地發揮自己和餐廳的個性……經過日復一日的探索，最終我決定從戰略性的角度將重點放在魚上面。

之後，我便開始將套餐內的肉料理一道道地換成海鮮，同時也開始探究日本料理、中式料理等其他不同領域，拓展我對於處理海鮮的觀點和技巧。而就在我積極地造訪壽司店的過程中，我遇見了熟成壽司。

經過熟成的魚
更容易與油脂融合

我第一次吃到熟成沙丁魚時，曾不禁驚訝地心想「這種在口中慢慢化開的美妙滋味是怎麼回事？」日本的魚固然新鮮，但是從法式料理的表現角度來看會覺得只有新鮮，味道上缺乏層次……以前我總是這麼認為。不過，那個熟成沙丁魚因為經過熟成這道工序，不僅鮮味和香氣提升了，原本富有彈性的口感也變得柔軟且帶有黏性，非常容易與油脂融合在一起。於是，我從中感受到將熟成魚做成法式料理的可能性。至於具體的技術，則是透過不停造訪熟成壽司店，親自品嘗、提問，然後自己一一嘗試，最後打造出屬於我自己的方法。

然後在開設Simplicité時，我心想既然是魚的法式料理，就必須要有個創新的概念，於是便推出了「熟成魚法式料理」。

熟成是在冰箱冷藏室內進行。將經過事前處理的魚分別裝進真空袋中，然後放入裝有冰水的箱子裡。至於熟成時間的長短，如果是褐石斑魚這種較大的魚是2週左右，沙丁魚和竹筴魚則是5天～8天。另外也有的魚會用昆布包住半天以增添鮮味，之後再將昆布拿掉進行熟成。

Simplicité
日本東京都澀谷區猿樂町3-9
Avenue Side代官山1 2F
Tel. 03-6759-1096
http://www.simplicite123.com

熟成是在冰箱冷藏室內進行。將經過事前處理的魚裝進真空袋中，放進裝有冰水的保麗龍箱內，（加蓋）保持冰溫。每天確認狀態，必要時會從袋中取出，擦拭魚表面的水分、重新抹上鹽巴，然後裝入新的袋子中重新浸泡。

藉由「熟成」，拓展作為法式料理食材的可能性。

白肉魚的熟成較為穩定，但青背魚就需要在熟成的管理上多費心思，所以我反覆嘗試過許多次，終於理解如何讓魚原有的氣味和熟成的鮮味取得平衡。以沙丁魚為例，沙丁魚唯有極度新鮮才經得起熟成，而且還必須擁有充分的油脂。由於即便是同一天進的貨，每尾魚的狀態也都不盡相同，因此10尾中只有2尾能用也是常有的事。沙丁魚一旦熟成過頭味道就會立刻變差，所以每天都一定要試味道。相反的，鮪魚或旗魚因為熟成時間較長，所以要將鮮味的重點擺在哪裡、如何帶出鮮味，這些是我一直都在探討、研究的問題。

順帶一提，我會將未經熟成的沙丁魚用來做成海鮮湯底。用昆布高湯熬煮鯖魚、沙丁魚、竹筴魚的魚骨和不適合熟成的日本鯷魚，做成青背魚湯底；另外也會再加入烤過的沙丁魚頭和背骨、蛋白，熬煮成清湯。這道清湯充滿令人聯想到「日本的夏天」的清爽香氣與鮮明的鮮味，而這種融合了法式料理的手法與日本當季食材的料理，正是我所追求的「日本海鮮法式料理」的基礎。我會直接用這個清湯去搭配魚料理，也經常會當成醬汁的基底來使用。此外使用這個清湯，還有為熟成魚料理帶來清新感的效果。

細膩的蔬菜搭配，激發魚的美味

由於熟成魚的鮮味強烈，享用整個套餐時為了不令人覺得味道過重，我在菜色的安排搭配上格外用心。以出餐順序來說，首先是6道開胃菜的組合。依照各個魚種的特性使用不同的烹調手法，是宛如壽司的料理風格。前菜之後，則多半是利用貝類或甲殼類的肉汁、蔬菜泥做成的輕盈醬汁，來簡單襯托出魚的風味。我雖然也會使用經典的法式料理醬汁，但是過多的油脂或膠質會讓人覺得膩口，所以無論是基底的作法、分量、前後菜色的平衡，都是我所考量的重點。

舉例來說，像是在熬煮過的紅酒和馬德拉酒中，加入昆布蔬菜高湯和鮪魚乾所熬製出來的「鮪魚乾紅酒醬汁」。這個醬汁味道鮮甜濃郁且風味鮮明，而且因為沒有使用膠質所以口感輕盈，是除了海鮮外，也很適合搭配肉類的基本紅酒醬汁。組成重點是作為香味蔬菜使用的乾燥白菜，其低調又飽滿的甜味令這道醬汁的味道平衡得恰到好處。

說到蔬菜，我會盡量讓蔬菜在餐盤上不要過分搶眼。從前我在製作法式料理時，總覺得「春天就是要使用野生蘆筍！」可是現在我只會在餐盤中擺放在味覺上真正和魚搭配的蔬菜。但如果以餐盤之下的意義來說，蔬菜的重要性卻是比以前增加了。

蔬菜是支撐海鮮、讓鮮味保持平衡的關鍵。因此我變得更仔細尋找適合搭配的蔬菜，也更加謹慎地控制蔬菜的水分。成為海鮮主義者之後，我對蔬菜的考察反而更加深入了。

ZURRIOLA

SEIICHI HONDA

本多誠一

出生於千葉縣。1998年前往法國，在「Georges Blanc」等餐廳學藝5年，之後前往西班牙。以體驗傳統飲食文化為目的，進入聖塞巴斯提安的「Casa Urola」（之後成為主廚）。在該餐廳任職的4年間，四處遊覽增廣見聞。回國後，先在日本料理「龍吟」工作，之後在西班牙餐廳「SANT PAU」擔任副主廚。2011年，在東京麻布獨立開設現代西班牙料理餐廳「ZURRIOLA」。2015年遷至現址。

ZURRIOLA

日本東京都中央區銀座6-8-7
交詢大樓4F
Tel. 03-3289-5331
http://zurriola.jp

老家經營鮮魚鋪的我，從小就對魚十分熟悉。我喜歡觀察魚，也會幫忙店裡做些剖魚的工作。換句話說，我踏上料理這條路的出發點就是魚。

為了成為法式料理的主廚，我前往法國、瑞士學習了5年的時間，但是某趟偶然的旅行，讓我對西班牙巴斯克地區的飲食文化深深著迷，結果我就在聖塞巴斯提安的餐廳度過了4年。在法國的廚房裡，最受矚目的大致都是肉部門，但是在港都聖塞巴斯提安卻是魚部門。眼前一望無際的坎塔布里亞海，使用其中的各種新鮮魚類、甲殼類、烏賊或章魚等，以鐵板或柴火等方式進行烹調。那簡單卻富有層次的美味非常契合日本人的喜好，讓我覺得很值得留下來專心學習這門技術。當時是以「鬥牛犬餐廳（elBulli）」為首的摩登西班牙料理備受世界注目的時代，於是我也到那樣的餐廳去增長見聞、接受刺激，不過當時我所工作的餐廳是不受流行左右的傳統派，而在那裡工作的經驗成為我現在的料理基礎。

再加上，我回國後曾在日本料理店「龍吟」的廚房負責烤台約1年半的時間，學習到魚的事前處理、串肉和燒炭火的技術，因而提升了我製作魚料理的品質和變化性。

挑選尺寸的標準不是效率，而是味道

本店的主廚套餐包括小菜、3種餐前小點（小盤料理）、3～4種前菜、魚、肉、1～2種甜點、茶點。由於前半段會使用大量的海鮮，因此我總是把上午的備料時間拿來處理魚。

餐廳中使用漁獲的產地或魚種會隨時期有所不同。以燒烤料理為例，因為油脂和膠質豐富的魚比較適合做成燒烤，所以我不會使用日本產的比目魚。我認為日本產比目魚的魅力會在做成生魚片時被徹底發揮出來，可是加熱並不會放大美味的可能性。至於褐石斑魚要選10kg以上的，金線魚則要反過來挑選250～400g左右的，在挑選尺寸上，我有

無止境地探究加熱技法，只為發揮海鮮的真正價值。

從吧台座位可以看見備長炭的炭床。具有遠紅外線的效果，比起木柴更容易控制火焰，能夠確實烤出美味料理這點令人滿意。當然，選擇適合的魚種和適合的切法、均等的串肉技術等等，也都會大大影響最後的成品。

我個人瑣碎的偏好。但是，我不會為了方便分切，或是和盤子很搭之類的理由去購買。因為料理一旦從造型外觀去切入，味道就會變成次要的重點而導致失敗。

至於在餐前小點方面（一定會有生食、炸物、酥脆料理這3種），我會選用青背魚、鹽醃鱈魚或鮟鱇魚肝等少量即可獲得滿足感的種類。

另外在海鮮之中，我認為蝦子是種富有可能性的食材。雖說都是蝦子，但是每種蝦都有其獨特的個性，所以我會將甜蝦、葡萄蝦、螯龍蝦做成生食，牡丹蝦和日本後海螯蝦會做成一分熟，龍蝦則會確實煮熟。我希望透過能發揮蝦子原有風味的烹調方式，以及能將其風味襯托得更為出眾的配角，向顧客傳達這道料理的無窮魅力。雖然不是絕對的規定，不過套餐之中多半都會有一道是蝦子料理，而那道料理的醬汁會使用以蝦頭熬製的高湯作為基底。使用新鮮食材是理所當然的，但即便食材新鮮，若以錯誤的方式去處理蝦子還是有可能會產生腥味，因此我一向都會仔細地以高溫快炒蝦頭，同時將礦泉水煮沸加進去。

鐵板、炭火、油封、低溫烹調，以各種烹調方式追求更多可能

說起餐廳的魚料理，最普遍的烹調方式就是用平底鍋煎，但是我不希望呈現方式如此單一。利用各式各樣的方式去加熱，或許更能發揮出每種魚不同的個性與美味。去除多餘油脂的同時，以遠紅外線將食材烤得鬆軟的炭燒；或蒸或炸之後做成油封；結合低溫烹調和鐵板燒的手法……像這樣追求更好的呈現方式，不正是我們專業廚師的工作嗎？當然這點不僅限於魚類，肉料理也是同樣的道理。

為此，我經常會去品嘗別人的料理和自己的料理，然後不斷地思考、比較。公休日時，我總會盡可能到處去嘗試不同的料理，藉此累積經驗、磨練味覺和品味，並且吸收最新資訊，然後製作出自己真正認為美味、很想嘗試的料理，再帶著客觀的態度去品鑑。比方說餐前小點的「南美擬沙丁魚Coca麵包」（P.172）和「軟煮章魚　佐墨魚汁脆片與西班牙紅甜椒醬」（P.174），這2道料理入口時的分量感、頂到上顎和在舌頭上的感覺、咀嚼之後味道和口感的變化等等，這些都經過我精密的計算和微調。今後我會繼續精進自己的魚料理，讓客人能夠從一口的小世界中感受到怦然心動的滋味。

第一章

[井上稔浩／*pesceco*]

TAKAHIRO INOUE

pesceco

面向風平浪靜的有明海，位於島原的小小餐廳。
讓當天清晨現捕的鮮魚獨有的生命力，發揮最高價值。
徹底追求「產地供應的美食」
的應有樣貌。

鹽辛鯷魚與
甘薯塔

以「海邊散步」為題的3道開胃菜之一，使用自製鹽辛醃漬鯷魚（日本鯷魚）而成。將鯷魚和奶油混合，再搭配上甘薯。從前在島原這個地方，家家戶戶都會常備鹽辛鯷魚，並且放在蒸過的甘薯上來吃。因為希望透過料理，向大眾傳達已經消失的地方飲食文化，於是才誕生出這道料理。

［餐點元素］

奶油鹽辛鯷魚
蒸甘薯
小魚乾粉
小魚乾
甘薯粉塔

（詳細食譜→P.206）

- 鹽辛鯷魚的作法是將剛捕撈到的日本鯷魚放進圓木桶中鹽漬，然後蓋上稻草發酵熟成1年以上（ph.1）。
- 1尾1尾去骨，做成魚片（ph.2-3）。之後用菜刀剁碎，和軟化的膏狀奶油（澤西牛奶製）混合（ph.4）。
- 將蒸過的甘薯放在塔殼上，抹上鹽辛奶油再撒上小魚乾粉（ph.5），最後放上1尾小魚乾（ph.6）。

［重點］ **日本鯷魚如果有骨頭殘留會影響口感，所以要用鑷子仔細挑除。**

宛如漣漪 ～石頭魚米飯沙拉～

能夠品嘗到一早現捕的魚，那種尚未僵硬的鬆軟口感。因為想要讓客人體會「與產地如此親近」的感受，我特別挑選當季的白肉魚，並配合魚的特性來調整變換油的種類。魚肉的鮮味固然重要，不過我更將重點擺在口感和香氣上。這道料理的作法是將昆布水泡泡擺在石頭魚之上。多種層次讓人在吃的過程中，能感受到香氣和風味逐漸擴散開來。

［餐點元素］

石頭魚與魚肝拌魚醬芝麻油
水煮米沙拉
馬糞海膽
昆布水泡泡

（詳細食譜→P.206）

- 〈事前處理〉對活石頭魚進行活締處理，去除內臟，魚肝則要保留備用。破壞神經後水洗，擦乾水分（ph.1）。放進冰箱冷藏靜置10分鐘後切成3片，去除橫膈膜。在鹽水（溶入粗鹽的湧泉）中稍微泡過（ph.2）後馬上撈起，用加厚款廚房紙巾擦乾水分（ph.3）。只要將魚肉處理得不帶水分，魚肉就會呈現帶有光澤感的通透狀態。放在竹簍裡，於冰箱冷藏室靜置2小時。
- 將石頭魚的魚肉削切成片（ph.4）。混合焙煎芝麻油和鯷魚醬，淋在石頭魚肉和魚肝上大致攪拌（ph.5）。
- 在水煮米中混入醋漬連葉洋蔥（ph.6），鋪在盤中。疊上馬糞海膽、石頭魚肝，再放上石頭魚肉（ph.7-8）。最後放上昆布水泡泡。

［重點］ **石頭魚的皮和肉之間的水分會影響魚肉的狀態。**
進行活締處理後要立刻剝皮，用鹽水清洗，然後擦乾水分。

河豚「筑前炊」

這裡的河豚是指梨河豚。我以自己的方式，重新詮釋當地的代表性鄉土料理河豚筑前炊（將梨河豚和蒜苗、醃梅子一起用醬油煮）。為了讓客人品嘗到梨河豚剛捕撈上岸的新鮮口感，我用稻草快速將一早處理好的河豚肉烤過，然後削切成薄片。並且將當地特有的河豚佐料，變換成油和煎酒以增添風味，做成一道沙拉風格的料理。

［餐點元素］

梨河豚藁燒
日本文旦
醃漬聖護院蘿蔔
蒜苗油
煎酒

（詳細食譜→P.207）

- 〈事前處理〉將有明海產的梨河豚去皮，破壞神經（ph.1-2），切成3片。切除內側的橫膈膜，撕掉薄膜。撒上鹽巴，放進冰箱冷藏靜置約10分鐘（ph.3）。將魚肉泡在以湧泉和粗鹽溶解成的鹽水中快速清洗，然後馬上用加厚款廚房紙巾擦乾水分（ph.4-5）。
- 〈營業中的烹調〉在炭床上擺放稻草生火，炙燒梨河豚5～10秒（ph.6）。立刻削切成片，稍微撒上鹽巴。
- 將梨河豚和日本文旦的果肉盛入盤中，放上醃漬聖護院蘿蔔（ph.7-8）。淋上蒜苗油，最後淋上大量煎酒。

［重點］　**梨河豚只需炙燒幾秒鐘。**
只要稍微烤過，讓表面產生香氣即可。

產自冬季田野 ～菠菜與香螺～

我最喜歡祖母做的「豆腐泥拌菠菜」，便以此為出發點設計出這道菜。以冬季盛產的日本菠菜，搭配帶出鮮味和口感的香螺（天狗螺），做成西式餐廳桌上的一道料理。重點在於小魚乾的鮮味。從以前開始，身邊的人們就告訴我要用小魚乾製作高湯。這個地區依山傍海，田地的養分會流入海中，而小魚乾便吸收了那些養分。因此能夠將大海的素材和田裡的素材，完美結合在一起。

［餐點元素］

香螺（天狗螺）薄片
日本菠菜
洋蔥麴與小魚乾高湯的醬汁

（詳細食譜→P.207）

- 和海螺相似的香螺是日本長崎的平民食材（ph.1）。在殼上開孔切掉貝柱，接著從開口拔出螺肉，削切成薄片（ph.2-3）。用熱鹽水汆燙3～4秒，再放入冰水冷卻（ph.4）。去除水分，拌入白芝麻油和魚醬（ph.5）。
- 用熱鹽水汆燙日本菠菜（ph.6）3～4秒，以冰水冷卻後擰乾（ph.7）。接著繼續用廚房紙巾去除水分，分切成段後拌入白芝麻油和魚醬。
- 在洋蔥麴中混入小魚乾高湯（ph.8），做成醬汁。洋蔥麴是我自創的調味料，帶有溫和的鹹味和鮮味。九州的濕度高，洋蔥無法長期保存，因此我為了全年都能使用熟識農家所栽種的洋蔥，特地想出這樣的運用方式。借用鹽麴的力量使其熟成，洋蔥的鮮味會變得更加深厚濃郁。

［重點］ **螺肉因為相當硬，必須盡可能切成薄片。**

蟹肉麵線

多比良蟹（梭子蟹）是海鮮之中格外需要與時間競賽的食材。必須在捕撈上岸的當天用鹽水汆燙，然後迅速將蟹肉從殼上剝下來，如此才能享受到不帶雜質的純淨風味。另外，為了保留汆燙蟹肉的鬆軟口感，不再經過冷藏、直接提供給客人也是個重大關鍵。結合蟹肉和島原手延麵線，做成唯有鄰近產地的此處才能品嘗到的「蟹肉麵線」。

［餐點元素］

汆燙梭子蟹肉與蟹黃
馬糞海膽
麵線拌螃蟹醬汁
E.V. 橄欖油與檸檬汁

（詳細食譜→ P.207）

- 對活梭子蟹的要害進行活締處理（ph.1）。馬上以熱鹽水燙過撈起（ph.2）。燙完後如果置之不理，殼的腥味就會轉移到蟹肉上，因此放涼後要立刻剝殼。取出蟹黃，撕開蟹肉（ph.3-4）。
- 以E.V. 橄欖油和檸檬汁為螃蟹醬汁調味（ph.5）。麵線煮好後瀝乾冷卻，用此醬汁拌勻（ph.6）。使用慕斯圈將麵線盛入容器，放上蟹肉和蟹黃，淋上E.V. 橄欖油和檸檬汁。
- 〈螃蟹醬汁〉累積許多蟹殼後再行製作。炒香味蔬菜和蟹殼（ph.7），加入蕃茄糊、山上的湧泉等熬煮（ph.8）。過濾後繼續熬製成醬汁。

［重點］ **螃蟹要在捕撈上岸的當天進行活締處理並燙過。**
燙熟蟹肉自然冷卻後的風味最佳。

牡蠣與紅蘿蔔

供應海鮮或海膽給我的朋友在天草當漁師，他為了持續發展漁業，同時也有在養殖牡蠣。有好幾條河川匯集、浮游生物豐富的地區，在此被細心養育的牡蠣，無論是肉質還是味道都十分飽滿。冬天的長牡蠣、夏天的岩牡蠣，兩者的品質皆值得信賴。這道料理結合了長牡蠣，和以傳統農法栽種的黑田五寸紅蘿蔔。我認為牡蠣和繖形科的蔬菜非常契合。

［餐點元素］

煎長牡蠣
紅蘿蔔泥
紅蘿蔔汁
牛奶泡泡

（詳細食譜→ P.208）

- 使用產自有明海天草的2年生長牡蠣（ph.1-2）。相對於殼，牡蠣肉大且厚實，味道也很濃郁。打開殼將肉取出，肉汁要保留備用（ph.3）。
- 牡蠣薄薄地裹上蕎麥粉（ph.4），用橄欖油煎（ph.5）到兩面金黃即可取出。
- 準備紅蘿蔔泥和紅蘿蔔汁（ph.6）。
- 在澤西牛奶中加入牡蠣肉汁並加熱，然後打發起泡（ph.7）。
- 在盤中盛入紅蘿蔔泥（ph.8），放上煎牡蠣，倒入紅蘿蔔汁。在牡蠣周圍倒入牛奶泡泡。

［重點］ **煎牡蠣要裹上蕎麥粉以增添香氣。**
煎到中央微溫即可。

明蝦義大利餃

本店的菜單中一定會有能夠溫暖身體的湯品。每天會視情況更換作為餡料的海鮮，不過湯頭都是固定的，是使用「fish & ham」（P.046）料理後的火腿副產物，也就是生火腿清湯。將生火腿切下來的邊角肉，和昆布、蔬菜一起用水熬煮，其清爽的滋味和香氣與蝦子、貝類很搭。由於其他菜色用了許多帶有香氣的油類，因此這道湯品也可望發揮清口的效果。

［餐點元素］

明蝦義大利餃
生火腿清湯

（詳細食譜→ P.208）

- 用冰塊對活明蝦進行活締處理，之後去掉頭和殼，去除水分（ph.1）。蝦肉切細碎，和一夜漬的長崎白菜末、洋蔥調味醬拌勻（ph.2-4）。因為醃漬物已經有鹹味，所以就不再另外放鹽巴。用義大利餃子皮包住餡料，捏成小帽子的形狀（ph.5-6）。
- 在以生火腿、洋蔥、昆布熬成的清湯中放入香茸，加熱並調整味道（ph.7）。
- 水煮義大利餃（ph.8）。瀝乾後放入杯中，注入清湯。

［重點］ **明蝦只要大致剁碎就好，不要剁成泥狀，如此才能享受到自然的口感。**

烏賊與紅心蘿蔔

將剛捕撈到的真烏賊身體切成極薄的薄片，享受其黏滑的鮮甜滋味，腳則用炭火烤過來增添香氣。炸紅心蘿蔔熱呼呼又酥脆的口感，也能將生烏賊襯托得更加美味。另外，利用南島原市野生之島原草莓的清爽香氣，將其做成醬汁（島原草莓為長崎縣的天然紀念物，為了保護振興而受託使用）。

［餐點元素］

醃漬真烏賊
炭烤烏賊腳
蒔蘿
炸紅心蘿蔔
蘿蔔葉粉
島原草莓醬汁

（詳細食譜→ P.208）

- 〈事前處理〉對真烏賊進行活締處理，取下腳、清除內臟。用毛巾擦乾水分，為了不讓內臟的消化酵素殘渣影響到肉，要將內側朝下擺放，放進冰箱冷藏室靜置，直到要使用時再取出。
- 將野生種的島原草莓果實放入攪拌器攪打（ph.3-4），然後再加入日式黃芥末做成醬汁。
- 將烏賊的身體切成極薄的薄片（ph.5），和芥菜種子做的芥末醬、鹽麴醃大蒜、E.V. 橄欖油拌勻（ph.6）。
- 烏賊腳要用炭火燒烤（ph.7）。
- 讓紅心蘿蔔裹上以紅米粉和高筋麵粉做成的麵糊油炸。撒上蘿蔔葉粉（ph.8）。

［重點］ **讓烏賊薄片裹上油脂，強調黏滑的口感。**

海膽豆腐義大利餃

如果只用當地食材來設計菜色，那若是蔬菜和海鮮皆產量豐富的時期就還好，但到青黃不接的時期就傷腦筋了。儘管如此，在食材缺乏時只要絞盡腦汁，終究還是有辦法想出點子，或是在蔬菜或海鮮上找到平常不曾注意到的可能性。這道料理是將早上在農田裡採摘的芹菜迅速汆燙，和豆漿、海膽搭配。海膽和生豆皮的甜味自然地互相融合，芹菜的香氣則讓整體風味顯得格外清爽。

［餐點元素］

生豆皮包豆腐泥拌芹菜與海膽

（詳細食譜→P.209）

- 瀝乾豆腐腦的水分（ph.1）。再和適量的昆布水一起用攪拌器打成醬汁。
- 用熱鹽水迅速煮過早上採摘的芹菜（ph.2-3），泡在冰水中冷卻。瀝乾後切碎，和醬汁混合，並以白芝麻油和魚醬調味（ph.4）。
- 這裡所使用的調味料是白芝麻油和魚醬（ph.5）。白芝麻油是以喜界島產的白芝麻淺焙而成，風味純淨，可感受到淡淡的堅果香氣。魚醬（五島的醬）是以白肉魚和米麴為基底，鮮味柔和為其特徵。細緻的蔬菜或海鮮多半會用這個組合來調味。
- 加熱豆漿後撈起表面那層膜，放入昆布水中（ph.6-7）。之後再撈起來攤開，放上豆腐泥拌芹菜與海膽，再包起來（ph.8）。

［重點］ **芹菜要選剛採摘的。迅速煮過以保留香氣和口感。**

產自初夏田野 ～剝皮魚與櫛瓜～

為剝皮魚拌肝醬汁與當季黃櫛瓜的搭配。本店一年到頭，前菜中一定都會有一道某種生魚的沙拉。我認為，要突顯魚在僵硬之前的滑順口感以及溫和風味，重點在於油脂和酸味。小心翼翼地重疊使用油脂，並且泰若自然地以酸味提味，好讓整道料理不會顯得油膩。這裡的醋漬洋蔥和加在鮮奶油中的檸檬皮，其作用便是如此。

［餐點元素］

剝皮魚拌肝醬汁
醋漬洋蔥
醃漬黃櫛瓜
鮮奶油
檸檬皮和汁
蒔蘿花

（詳細食譜→P.209）

- 〈事前處理〉在剝皮魚的頭切1刀，立刻浸在水中放血（ph.1）。破壞神經（ph.2），迅速用水清洗，然後用紙去除水分。
- 削切成薄片（ph.3），塗上太白芝麻油。
- 將剝皮魚的肝過篩壓成泥狀（ph.4）。如果是純白色就直接使用，若是顏色偏深就補上等量的海膽。加入魚醬調整味道，塗在剝皮魚上（ph.5）。
- 用鹽巴、橄欖油與檸檬汁稍微醃漬黃櫛瓜片（ph.6-7）。
- 將櫛瓜放入盤中，擺上剝皮魚，放上醋漬洋蔥（ph.8）。再覆蓋上1片櫛瓜，接著依序淋上加了鹽巴的鮮奶油、檸檬皮和汁、E.V.橄欖油。

［重點］ **剝皮魚肝的狀態每天都不盡相同。**
假使鮮味不足，就加入海膽來補強。

章魚花束

這個地區到了夏天，經常可以捕到章魚來食用。魚鋪從以前就會利用洗衣機來轉動章魚使其軟化，而我因為從小就被教導「吸盤要水煮來吃，身體則要用涮的」，很早就知道章魚每個部位的味道和口感都不相同。究竟能夠將熟悉的章魚美味，進一步提升至何種程度呢？——這是所有食材共同的主題。

［餐點元素］

醃漬章魚薄片
高麗菜與章魚皮沙拉
水煮章魚吸盤
大蒜美乃滋
韭菜油
白蘿蔔花
蒔蘿花
芫荽花

（詳細食譜→P.210）

- 〈事前處理〉對章魚進行活締處理，然後仔細地裹上鹽巴，用洗衣機轉動約15分鐘。這是軟化後的狀態（ph.1）。
- 將章魚腳一條條卸下後剝皮（ph.2），肉則包上保鮮膜，冷凍約2小時（ph.3）。皮要用熱鹽水氽燙20～30秒（ph.4），放入冰水冷卻後瀝乾。將吸盤一個個取下。之後皮繼續水煮5分鐘，再用醋浸泡。
- 早上採摘的高麗菜用鹽水煮過後切碎，和切碎的章魚皮、洋蔥片、白酒醋混合（ph.5）。
- 將章魚腳的肉切成極薄的薄片，用焙煎芝麻油和鯷魚醬醃漬（ph.6-7）。吸盤也是相同的作法。將沙拉裝進慕斯圈中，放上章魚（ph.8）。擠上大蒜美乃滋，將吸盤排成像花一樣，最後在盤子淋上韭菜油。

［重點］ **沙拉的蔬菜6月是高麗菜，7～8月是秋葵。**
會配合農地的採收情況做更動。

明蝦草木蒸

供應本店蔬菜的，是2家尊重自然、從養土開始做起的勤奮農家。我每天都會親自到田裡，請農家分一些當季的蔬菜和花草給我。每天親自前往非常重要，不僅能親身感受季節和風土，還能學到許多東西。只要在農田的草叢裡發現當季的花朵，就會想拿來利用——於是我將蝦子填進櫛瓜花中，和同樣在田邊找到的無花果和檸檬的樹葉一起蒸，做成這道香氣馥郁的夏季料理。

［餐點元素］

櫛瓜花鑲韃靼明蝦
煎櫛瓜
蝦高湯
蔥油

（詳細食譜→P.210）

- 用冰塊對活明蝦進行活締處理（ph.1）——為了麻痺蝦肉以便剝殼。去掉頭和殼，用加厚款廚房紙巾去除水分（ph.2）。
- 用烤箱烤殼和頭。之後和月桂葉一起放入熱水中（ph.3）煮10分鐘，做成蝦高湯。以胡椒、洋蔥麴增添風味和層次（ph.4）後過濾。
- 將明蝦肉切細碎（ph.5），加入洋蔥調味醬和鹽巴，填進櫛瓜花中（ph.6）。淋上E.V.橄欖油（ph.7），用無花果和檸檬的樹葉包覆，放入蒸籠蒸熟。
- 在客人面前打開蒸籠的蓋子，讓客人享受香氣之後（ph.8）再盛入湯盤。添上煎櫛瓜。在蝦高湯中淋上蔥油。

［重點］ **蝦子經過活締處理後要立刻去頭和殼，否則腥味會轉移到蝦肉上。**

fish & ham

我曾經在吃過出自某位名家之手，現切的鬆軟生火腿片後深受感動。品嘗的那瞬間，我腦中立刻浮現「好想用當季的炸魚搭配這個」的想法，結果這道料理不知不覺就成為我店內的固定菜色了。這次使用的是島原夏天的海鰻。至於生火腿，目前是委託鹿兒島的FUKUDOME SMALL FARM以Saddleback豬風乾製成。這種豬特有的香甜脂肪會在口中徐徐擴散，與海鰻的鮮味完美融合。

［餐點元素］

炸海鰻
洋蔥與青紫蘇沙拉
Saddleback豬的生火腿

（詳細食譜→P.210）

- 〈事前處理〉切掉海鰻的頭，用70℃的熱水汆燙30秒去除黏液（ph.1），然後放入冰水中。清除內臟並洗淨，之後用紙去除水分（ph.2）。由於太軟會不方便處理，所以要用紙包起來放進冰箱冷藏1小時（ph.3）。
- 將海鰻切成3片，斷骨（ph.4）後切成一口大小。
- 在海鰻上撒鹽巴，裹上以氣泡水稀釋的油炸麵糊（ph.5），下鍋油炸（ph.6）。
- 將泡過水的洋蔥薄片，和青紫蘇、紅酒醋混合（ph.7）。盛入盤中，放上炸海鰻。用刨刀將生火腿（ph.8）切成極薄的薄片，蓋在炸海鰻上。

［重點］ **洋蔥沙拉裡的青紫蘇，是結合生火腿和魚香氣的關鍵。**

山與海 ～岩牡蠣～

這是我在養殖牡蠣的朋友船上，捕撈牡蠣來吃時想出的料理。將迅速汆燙過的牡蠣（表面會形成薄膜，讓味道產生輪廓），泡在比擬海水的昆布水中——塑造出讓牡蠣回到海中的意象。與之搭配的是澤西牛奶的卡門貝爾乳酪，乳酪的溫和鮮味和牡蠣、昆布的海洋氣息非常契合。是道結合海中牛奶與山中牛奶的料理。

［餐點元素］

汆燙岩牡蠣
澤西牛奶的卡門貝爾乳酪慕斯
醋漬洋蔥
檸檬風味的昆布水泡泡

（詳細食譜→P.210）

- 使用天草的養殖岩牡蠣（ph.1）。經過細心養育的3年生牡蠣，相對於殼，牡蠣肉大且厚實，味道也很濃郁。打開殼將肉取出，肉汁保留備用（ph.2）。
- 迅速汆燙牡蠣後，馬上移到（置於冰水上）裝有昆布水的調理盆中（ph.3-4）。
- 將1湯匙的澤西牛奶的卡門貝爾乳酪慕斯鋪在盤中（ph.5）。放上醋漬洋蔥，擺放切好的牡蠣（ph.6-7），最後蓋上打發起泡的昆布水（ph.8）。

［重點］ **牡蠣要迅速汆燙，讓「表面形成薄膜」。**

烏賊麵線

島原是麵線的知名產地，人們對麵線講究到甚至會在家裡進行試吃比較。麵線雖然是很日常的食材，但是只要用口感溫潤的山中湧泉來煮，再以湧泉加以冷卻就會非常美味。我想要將其真正價值與海鮮一同呈現出來。這道料理是以當季的虎斑烏賊墨汁做成醬汁，肉則是迅速加熱以帶出鮮味和香氣，再和麵線搭配。用來提味的山椒香氣能夠突顯烏賊的鮮甜。

［餐點元素］

煎虎斑烏賊
墨汁麵線
山椒油
山椒嫩葉

（詳細食譜→P.211）

- 這是初夏的虎斑烏賊（ph.1）。處理乾淨後將墨囊取下，去除肉上的薄皮（ph.2）。在表面劃出深度達肉一半的細小格子狀切痕（ph.3）。
- 在鍋中加熱螃蟹醬汁，加入烏賊的墨汁（ph.4）。煮滾後放入調理盆中放涼（ph.5）。
- 以山中湧泉煮島原手延麵線（ph.6），然後用冰水冷卻，瀝乾水分。拌入墨魚醬汁和E.V.橄欖油（ph.7）。
- 將烏賊肉切小塊並塗上橄欖油，迅速煎過（ph.8）。擺放在盛入盤中的墨汁麵線上，加入山椒油、放上山椒嫩葉。

［重點］ **由於虎斑烏賊是「新鮮程度會隨觸碰時間拉長而降低」的食材，所以要迅速處理乾淨，再用紙徹底擦乾。**

飯匙鯊

飯匙鯊（斑紋琵琶鱝）是當地很普遍的魚，人們經常會燙過後搭配醋味噌一起吃。由於飯匙鯊的肉一般都會帶有氨的臭味，讓我不太知道該如何料理。不過後來我想到如果在臭味散開之前進行活締處理、破壞神經，這樣或許是個可行的方法，於是嘗試之後，發現不僅臭味不見了，肉還變得非常好吃。為了發揮飯匙鯊與鯉魚相似的清爽風味和口感，我利用煎酒來增添鮮味，另外還搭配以自製麥味噌和牡蠣做成的醬汁，讓風味更有層次感。

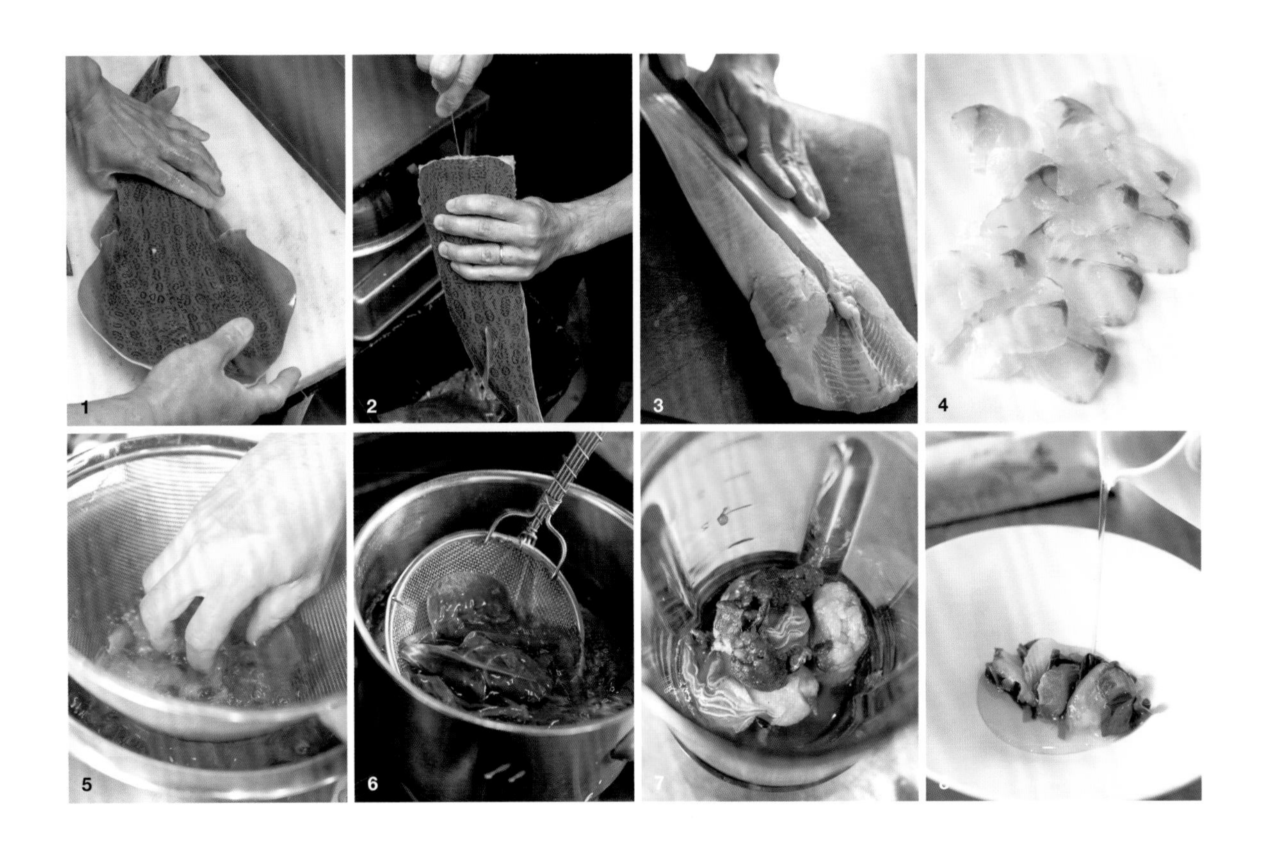

［餐點元素］

冰洗飯匙鯊生魚片
牡蠣與麥味噌醬汁
煎酒
落葵
蔥油
蔥的花

（詳細食譜→P.211）

- 〈事前處理〉對飯匙鯊進行活締處理。切掉頭，去除內臟，破壞神經（ph.1-2）。
- 處理乾淨後切成魚排並去皮，再將肉削切成片（ph.3-4）。
- 用冰水清洗讓魚肉緊實，然後用加厚款廚房紙巾擦乾水分（ph.5）。
- 用熱鹽水汆燙早上採摘的落葵（皇宮菜）幾秒鐘（ph.6），之後泡到冰水裡再擰乾水分。
- 用攪拌器攪打油漬牡蠣和麥味噌，做成醬汁（ph.7）。
- 在盤中盛入飯匙鯊和切好的落葵，淋上煎酒（ph.8）。淋上蔥油、撒上蔥的花，最後添上醬汁。

［重點］ **飯匙鯊要先破壞神經再確認風味。**
假使有些許腥味殘留就用熱水汆燙。

舌鰨與油菜花

有明海的舌鰨肉薄且富含水分，和歐洲肉質厚實的鰨魚是不同種類，於是我想出這樣的烹調方式來徹底展現其細緻的肉質。以較多的油靜靜地、慢慢地加熱，一邊讓魚肚中的卵熟透、一邊讓魚肉變得鬆軟，然後以煎到焦黃的油菜花葉來增添香氣。島原有食用冬天帶卵舌鰨的習慣，因此每到這個季節我都會將這道菜加入套餐中。

［餐點元素］

煎舌鰨
炒油菜花的花和莖
煎油菜花葉
醋漬油菜花根
海瓜子與西洋芹醬汁

（詳細食譜→P.212）

- 舌鰨是這個地區很常見的魚。冬天時因為會帶卵，所以就以帶卵的狀態直接烹調。進行活締處理後放血，去掉頭、內臟和尾巴。在身體的側面劃1刀（ph.1），從這個切口將肉翻開，用剪刀將鰭邊肉連同小刺一起取下（ph.2）。鰭邊肉要用來製作高湯，卵則放回原位。
- 在舌鰨上撒鹽巴，靜置2～3小時（ph.3）。
- 在平底鍋中倒入較多的橄欖油，一邊將油淋在舌鰨上一邊慢慢煎（ph.4）。煎到一半翻面，將兩面各煎3～4分鐘（ph.5）。切下上身肉，去掉骨頭（ph.6）。
- 將寒冬開花的油菜花分成葉、莖、花。莖和花要用橄欖油來炒。在海瓜子與西洋芹醬汁中加入葛粉勾芡（ph.7），讓莖、花裹上醬汁。
- 葉子要用抹上橄欖油的平底鍋一片片地煎（ph.8）。

［重點］ **味道濃郁的油菜花可以襯托舌鰨細緻的肉質。**
葉子要煎到焦黃才能突顯香氣。

鮑魚

初夏的有明海有大量海藻，使得這個時期的鮑魚味道非常鮮美。從供應時間反推開始酒蒸的時間，然後將剛蒸好的鮑魚下鍋煎。從開始烹調到最後裝盤都不讓鮑魚有冷卻的空檔，藉此呈現出富有彈性的口感。與其搭配的是燉煮豌豆與櫛瓜。豆子煮到最後雖然會開始產生皺褶，不過那也是最美味的時候。這個鮮美又帶有香氣的醬汁，能夠充分襯托奶油風味的鮑魚。

［餐點元素］

鮑魚排
蒸鮑魚醬汁
燉煮豌豆與櫛瓜
鮑魚肝與黑蒜頭泥
薄荷

（詳細食譜→P.212）

- 清洗鮑魚，將肉從殼上剝下（ph.1）。
- 將鮑魚放入裝有日本酒、山中湧泉的調理盆中，蓋上殼，用保鮮膜覆蓋住調理盆（ph.2-3）。以95℃的蒸氣烘烤爐加熱1小時，之後再以85℃加熱2～3小時，讓內部也徹底軟化（ph.4）。
- 趁熱在兩面劃入切痕，用大量奶油來煎（ph.5）。
- 在此同時，將鮑魚蒸汁和生火腿清湯混合煮沸，再以葛粉勾芡做成醬汁。把醬汁抹在切好的鮑魚上（ph.6）。
- 用剛好淹過食材的水量、奶油與鹽巴，煮早上採摘的豌豆（ph.7）。加入2色的煎櫛瓜（ph.8），迅速煮過並調味。

［重點］ **從食用時間反推出開始蒸的時間。**
用焦化奶油來煎剛蒸好的鮑魚。

第二章

—

［**吉武広樹**／*Restaurant Sola*］

HIROKI YOSHITAKE

Restaurant Sola

主要使用九州的海鮮和蔬菜，
創造出受眾人喜愛、
令眾人感動的美味。
道道都是充滿港口餐廳風格的天然美食。

蕪菁與梭子蟹

將當季海鮮做成「醬汁」，搭配季節蔬菜來享用也是本店的主題之一。這是道蕪菁結合梭子蟹醬汁的料理。梭子蟹雖然鮮味濃郁卻也帶有強烈的獨特味道，因此我搭配上鰹魚高湯凍和日本柚子汁，將其轉化成吃不膩的爽口滋味。蕪菁則是做成醃漬、馬斯卡彭乳酪風味的穆斯林奶油與生切片這3種，分別強調蕪菁些許的甜味、細緻的香氣，以及爽脆的口感。

［餐點元素］

梭子蟹拌高湯凍
醃漬蕪菁
穆斯林奶油蕪菁
小蕪菁切片
醬泡油菜花
日本柚子皮

（詳細食譜→P.213）

- 梭子蟹煮過後將肉撕開，用高湯醃漬，高湯是以白醬油、酒精揮發後的味醂、日本柚子汁調味的。混入少量吉利丁，做成凍狀（ph.1）。
- 蕪菁去皮切成6等分，然後切成2㎝見方的棒狀，再切成蛇腹狀（ph.2-3）。拌入醃漬醋和日本柚子皮屑（ph.4）。
- 油菜花煮過後在高湯中浸泡備用（ph.5）。
- 煮好的蕪菁與分量為其10%的馬斯卡彭乳酪混合，用攪拌器攪打，然後裝入虹吸氣壓瓶中（ph.6）。
- 將醃漬蕪菁盛入盤中，再放上蟹肉拌高湯凍（ph.7）；一旁擺上油菜花，擠壓氣壓瓶（ph.8）。用小蕪菁切片像花一般包覆料理，最後撒上日本柚子皮和油菜花（花瓣）與酢漿草。

［重點］ **利用日本柚子風味的高湯凍，緩和梭子蟹的獨特鮮味。**

軟絲與根芹菜

品嘗當季海鮮的小開胃菜。萊氏擬烏賊或軟絲因為富有嚼勁，很適合切成薄片。而且在相同分量下，與舌頭接觸的表面積愈大，愈能強烈感受到甜味。因此，我將軟絲切成「比烏賊麵線更細」的超細絲，將黏滑口感和甜味發揮至極致。另外以風味沉穩的根芹菜慕斯作為緩衝，放在塔殼上，做成這道一口大小的小菜。

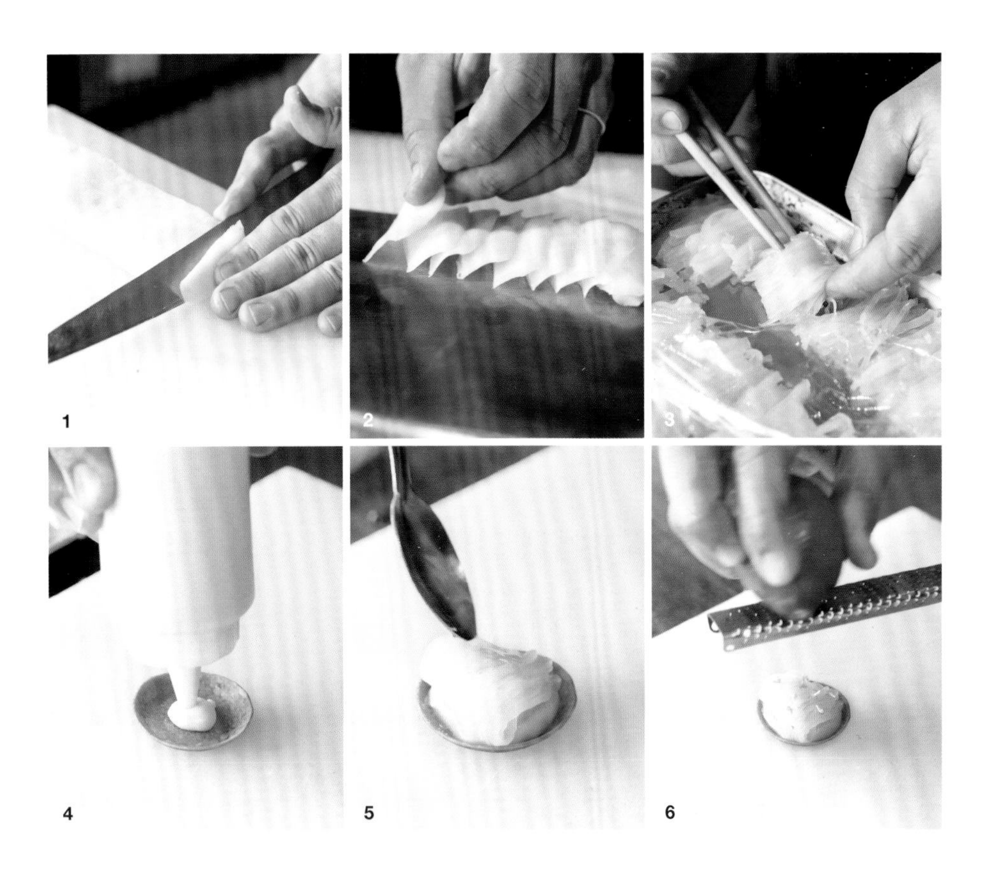

［餐點元素］

醃漬軟絲
根芹菜奶油霜
塔殼
萊姆淋醬

（詳細食譜→P.213）

・軟絲處理乾淨之後修整成長方形，放進冰箱冷凍（為了軟化）。半解凍後削切成極薄的薄片，一片片地重疊擺放（ph.1-2）。
・在這個狀態下攤平，再度冷凍，等到變成片狀就切成約1㎜寬的條狀。擺放在淺盤中備用（ph.3）。
・將根芹菜奶油霜裝入塔殼中（ph.4），放上1撮極細軟絲，淋上萊姆淋醬（ph.5）。撒上萊姆皮屑（ph.6）。

［重點］ **軟絲愈薄、表面積愈大，舌頭就愈能感受到甜味。**
為了方便切開，要在半冷凍狀態下切得極薄、極細。

Sola Factory co.
Depuis 2010 à Paris.

牡蠣與白菜

使用糸島的牡蠣。和白菜疊在一起，放在烤網上用柴火烤到變黑，藉此充分帶出煙燻感和香氣。使用的牡蠣個性強烈，因此能夠和白菜清淡的風味產生對比。白菜也因為烤焦使得香氣更為突顯，餘韻在口中縈繞不去。另外搭配上風味柔和又鬆軟的馬鈴薯泥，與強烈的香氣達成平衡。

［餐點元素］

烤牡蠣與白菜
鹽醃豬背脂
糖漬檸檬皮
研磨黑胡椒
馬鈴薯泥
布里歐麵包

（詳細食譜→P.214）

- 用180℃的烤箱烤牡蠣約2分鐘，直到肉變得緊實（ph.1）。在徹底熟透之前取出，整個淺盤放入冰水之中，連同汁液一起冷卻（ph.2）。
- 將白菜分成一片片，撒上橄欖油、迷迭香與鹽巴。蓋上蓋子，用200℃的蒸氣烘烤爐蒸7分鐘（ph.3）。
- 約每10片白菜之間夾入迷迭香葉，疊在一起切成約2㎝×3㎝大小。在每份之中的2處夾入牡蠣，固定成串（ph.4）。塗上橄欖油，用柴火炙燒（ph.5）。確實烤到邊緣燒焦為止（ph.6）。
- 在附蓋的盤中放入布里歐麵包、馬鈴薯泥（ph.7）。擺上烤好的牡蠣和白菜，放上鹽醃豬背脂、糖漬檸檬皮（ph.8），用噴槍炙燒。淋上E.V.橄欖油，撒上研磨黑胡椒。最後用煙燻槍注入煙霧，蓋上蓋子即可上桌。

［重點］ **牡蠣和白菜要確實烤到邊緣燒焦為止，如此才能充分帶出香氣。**

白鯖河豚與蕪菁

使用在福岡捕撈量很多的白鯖河豚（棕斑兔頭魨）。利用柴火炙燒的方式充分帶出河豚的鮮味，然後以酪梨的綿密口感讓鮮甜滋味大幅提升。搭配上切絲的蕪菁、蘋果蕪菁泥，做成沙拉風格的料理。一面仿效日式河豚生魚片「てっさ」（用河豚生魚片捲蔥，沾著柑橘醬油、辣椒蘿蔔泥一起吃）的吃法，同時加入法式料理的發想，讓食材的個性更顯突出。

［餐點元素］

網烤白鯖河豚
蕪菁絲沙拉
酪梨奶油霜
辣椒蘋果蕪菁泥
青紫蘇油
蔥芽、紫蘇花、紫蘇花穗
魚子醬

（詳細食譜→P.214）

- 在白鯖河豚的魚排上塗抹橄欖油並撒鹽巴，放在網子上以冒出熊熊火焰的柴火炙燒。（如果是炭火就一口氣加熱，然後讓熱度在靜置時傳導至內部）由於柴火不會發出遠紅外線，因此要一邊在火焰上翻動，一邊花時間將表面烤到上色（ph.1-2）。將烤好的魚肉切片（ph.3-4）。內部仍呈現半生的狀態。
- 將蕪菁切細絲（ph.5），與法式淋醬混合。
- 酪梨切成大塊後，和馬斯卡彭乳酪、酸奶油混合（ph.6）。
- 將辣椒蘋果蕪菁泥盛入盤中，添上酪梨奶油霜（ph.7）。在泥上擺放河豚，再放上蕪菁絲（ph.8）。
- 在本店的前菜中有一道料理會搭配魚子醬。榛果般的風味會讓海鮮的味道更有層次感。

［重點］ **河豚要一邊翻面一邊用火焰炙燒，確實讓香氣散發出來。**

香煎魚膘

將魚膘分成3階段進行烹調，內部濃稠綿密，外圍有著炸過的酥脆口感，其中的一部分帶有香氣十足的焦黃痕跡。搭配上能夠享受蕃茄風味和紅蔥頭爽脆口感的巴薩米克醬汁一起享用。這道料理遵循法式傳統路線，是將「小牛胸腺」替換成魚膘的料理。作為套餐中的最後一道前菜，希望這道料理能夠帶給客人驚豔的感受。

［餐點元素］

香煎魚膘
蕃茄丁巴薩米克風味醬汁
裸炸百合根
炒繡球菇
魚膘風味泡泡
山椒粉

（詳細食譜→P.215）

- 用酒清洗大頭鱈的魚膘（ph.1）。在牛奶中放入雞高湯、月桂葉、黑胡椒粒與薑加熱，然後溫度保持80℃，將魚膘放進去煮10分鐘（ph.2）。連同鍋子一起泡在冰水中冷卻，讓香氣轉移到汁中（ph.3）。
- 魚膘瀝乾後裹上天婦羅麵糊，放在抹上油的鐵板上煎。等到朝下的那面煎好，就從上方撒上低筋麵粉（ph.4）再上下翻面，然後用鍋鏟按壓，讓兩面都煎出焦黃痕跡（ph.5）。接著快速油炸，撈起瀝油（ph.6-7）。百合根則是裸炸（ph.7）。
- 在巴薩米克風味醬汁中加入蕃茄丁、混合香草、E.V.橄欖油（ph.8）。魚膘汁要在最後加熱，打發起泡後疊在最上層。

［重點］ **透過下鍋煮、鐵板煎、裹麵糊油炸這3階段的烹調，徹底展現魚膘的美味。**

鮭魚卵棒

我回到日本準備開店的期間，在經營為期只有3個月的快閃餐廳時，忽然想到或許可以用鮭魚卵來做成別具心思的開胃菜？於是這道料理就在不知不覺間成為我店內的招牌開胃菜了。鮭魚卵排成1列的外觀不僅是視覺上最大的重點，從每顆魚卵中迸出的鮮美汁液，更是為口腔帶來細膩的戲劇效果。

［餐點元素］

醬油漬鮭魚卵
春捲棒
酪梨奶油霜
日本柚子皮

（詳細食譜→P.215）

- 將春捲皮對切，再切成約4㎝寬的條狀（ph.1）。2片重疊後抹上葡萄籽油，鋪在長22㎝、寬1㎝、高1㎝的匚字形模具中，然後從上面疊上另一個模具嵌合（ph.2），切掉多出來的春捲皮（ph.3）。用200℃的烤箱烤好後脫模（ph.4）。
- 混合酪梨丁、馬斯卡彭乳酪、山葵末（醃漬物）、檸檬汁、酒精揮發後的味醂與鹽巴（ph.5）。
- 在春捲棒中擠入酪梨奶油霜，將醬油漬鮭魚卵排成1列（ph.6-7）。最後削一些日本柚子皮屑在上面（ph.8）。

［重點］ **以特別訂製的匚字形模具烤出造型。**
這個尺寸是每口都能享受絕妙平衡的關鍵。

鰤魚火腿與黃金蕪菁

早春的鰤魚油脂豐厚，美味的同時卻也稍嫌膩口。因為想讓油脂變得好入口，我於是採用煙燻的方式，創造出這個口感稍具彈性，味道也更有深度的煙燻火腿。另外搭配迅速汆燙過的黃金蕪菁，食用時會創造出清爽的風味。因為希望這道料理帶有些許濕氣，所以添上用鮮奶油和橄欖油混合而成的簡單醬汁。

［餐點元素］

煙燻鰤魚
黃金蕪菁片
醋橘鮮奶油
醋漬蘘荷
山葵泥
醋橘皮
蔥芽、菊花、紫蘇花穗

（詳細食譜→P.216）

- 名為「鰤魚火腿」的煙燻鰤魚（ph.1）。以醃漬鹽（鹽巴3：砂糖2）醃漬魚排24小時，之後用水洗淨、去除水分，冷燻30分鐘，接著靜置3～4天。
- 黃金蕪菁是一種黃色的蕪菁（ph.2）。果肉呈奶油色，口感介於馬鈴薯和蕪菁之間，帶有些許甜味。切片後用熱水迅速汆燙，靜置放涼。
- 混合鮮奶油、醋橘汁、牛奶、淡口醬油、酒精揮發後的味醂與E.V.橄欖油，做成醋橘鮮奶油（ph.3）。
- 將鰤魚片和黃金蕪菁交錯盛入容器（ph.4）。倒入醋橘鮮奶油，擺上醋漬蘘荷、山葵，最後削一些醋橘皮屑在上面（ph.5-6）。

［重點］ **鰤魚冷燻後放在網子上不要覆蓋住，放進冰箱冷藏室靜置3～4天，乾燥到剛好的程度。**

小牛與扇貝

肉和海鮮的搭配手法，在巴黎的餐廳也經常會使用，其中最常見的就是「小牛和貝類」。由於也有使用牡蠣的例子，於是我便嘗試了一下，結果發現日本牡蠣和小牛的味道不太搭，最能契合的反而是扇貝。扇貝稍微煎過讓中央仍呈現半生狀態，藉此帶出其甜味；小牛則是利用低溫烹調創造出柔軟的質地。最後以與兩者皆契合的帕瑪森乳酪風味的沙巴雍醬來整合全體風味。

［餐點元素］

小牛捲煎扇貝貝柱
杏仁風味的小牛肉汁
蒸甘薯
醋漬蘘荷
醋漬黃蘿蔔
沙巴雍奶泡

（詳細食譜→P.216）

- 用鐵板讓小牛的臀肉蓋表面上色，之後和橄欖油、香草一起裝進真空袋，隔水加熱後以58℃的蒸氣烘烤爐加熱40分鐘（ph.1），再切成薄片（ph.2）。肉汁要先用蛋白去除雜質，然後以酒精揮發後的味醂、白醬油與杏仁油調味，再混入杏仁碎做成醬汁。
- 扇貝的貝柱切好後裹上橄欖油，用鐵板迅速將表面煎過（ph.3）。立刻放入置於冰塊的淺盤中冷卻（ph.4）。和紅蔥頭末、細香蔥末與E.V.橄欖油拌勻（ph.5）。
- 在小牛臀肉片上撒少許鹽巴，放上扇貝貝柱捲起（ph.6）。和蒸過的甘薯、醋漬物一起盛入盤中，淋上醬汁（ph.7）。最後擠上沙巴雍奶泡（ph.8）。

［重點］ **扇貝的貝柱迅速加熱後要立刻冷卻，將甜味鎖住。**

星鰻與肥肝

在法國的經典組合「肥肝、根芹菜、蘋果」中加入星鰻。星鰻的鬆軟口感和沉穩風味，營造出簡單不繁複的自然美味。肥肝是以煙燻的方式處理，利用煙燻感來提升整體的深厚度和一體感。芥末籽風味的根芹菜，以及最後撒上的山椒粉香氣是亮點所在。

［餐點元素］

炸星鰻
煎煙燻肥肝
芥末籽煮根芹菜
根芹菜泥
蘋果籤
山椒粉

（詳細食譜→P.217）

- 壹岐對馬是星鰻的主要產地之一。剖開肉質厚實的星鰻，在皮上淋熱水（ph.1），然後用冰水冷卻，用菜刀刮掉上面的黏液。修整好魚排後切斷骨頭（ph.2），切成一口大小，裹上麵糊油炸（ph.3）。
- 將肥肝切塊，煙燻6分鐘（ph.4-5）。用保鮮膜包起來，放進冰箱冷藏室讓質地變緊實，之後切成薄片狀，放上鐵板煎到表面上色（ph.6）。
- 將根芹菜絲和金針菇柄炒出水分，之後加入法式清湯、芥末籽與薑一起煮（ph.7）。以肥肝的油脂增添香氣。
- 將根芹菜泥鋪入盤中，疊上炸星鰻、肥肝，盛入燉煮根芹菜。撒上山椒粉，最後放上蘋果籤（ph.8）。

［重點］ **利用厚實星鰻的鬆軟滋味，和肥肝達成完美的平衡。**

明蝦與日月蛤
炸銀杏　巴巴露亞

這是秋季的海鮮料理，以「海鮮的冷製茶碗蒸」為意象。將明蝦、日月蛤、長槍烏賊迅速燙過，和甲殼類風味的巴巴露亞、清湯凍結合在一起。經典的法式料理中有一道「美式龍蝦佐米布丁」，但是我的這道料理味道沒有那麼濃郁，而是配合日本海鮮的形象營造出自然、輕盈的感覺。最後撒上炸銀杏來展現秋日風情。

［餐點元素］

汆燙蝦子、貝類、烏賊
甲殼類的巴巴露亞
蝦膏
日本柚子風味的高湯凍
炸銀杏

（詳細食譜→P.217）

- 用熱鹽水迅速汆燙明蝦後冷卻，去掉蝦頭和蝦殼（ph.1）。日月蛤（ph.2）取出貝柱後分切成3等份；長槍烏賊切好後在表面劃入切痕，接著各別用熱鹽水汆燙，再用冰水冷卻（ph.3）。擦乾水分後全部放入調理盆中，拌入鹽巴與E.V.橄欖油（ph.4）。
- 用E.V.橄欖油與法式淋醬攪拌明蝦的蝦膏和蝦尾（ph.5）。
- 以製作英式蛋奶醬的要領，加熱龍蝦高湯、蛋黃、味醂與牛奶的同時一邊攪拌，使其乳化。之後加入吉利丁冷卻。混入打發鮮奶油，做成巴巴露亞（ph.6）。
- 將巴巴露亞鋪在容器內，盛入蝦子、貝類與烏賊（ph.7）。放入日本柚子風味的高湯凍（ph.8），最後撒上炸銀杏、香草苗。

［重點］　**巴巴露亞的質地為鬆軟的乳霜狀，能夠滑順地和蝦子、貝類與烏賊結合。**

象拔蚌　貽貝　海瓜子

以不同方式處理餐廳當地周邊所生產的貝類，組合成一道前菜。廣島產的貽貝充分烤過後，味道會變得非常濃郁鮮美，所以用柴火炙燒來製造焦味；山口產的象拔蚌則是利用煙霧來炙燒，使其帶有煙燻感；唯有海瓜子不適合使用柴火，因此是用鹽醃豬背脂將海瓜子捲起來簡單地加熱。盛入盒中，以煙燻槍注入煙霧後上桌，讓客人享受開蓋時撲鼻而來的網烤香氣。

［餐點元素］

煙燻象拔蚌與行者大蒜泡泡

網烤貽貝與新洋蔥慕斯

鹽醃豬背脂捲海瓜子

（詳細食譜→P.218）

- 〈象拔蚌〉切成一口大小，塗上橄欖油（ph.1-2），用柴火迅速烤過（一邊讓橄欖油從網蓋上滴落，利用煙霧來煙燻，ph.3）。在殼中盛入圓葉玉簪沙拉，放上象拔蚌（ph.4），再盛入行者大蒜泡泡。
- 〈貽貝〉貽貝用刷子塗抹上肉汁，同時用柴火迅速將肉烤過（ph.5-6）。在殼中盛入炒到出水的白蔥，放上貝肉（ph.7）。從虹吸氣壓瓶中擠出新洋蔥慕斯。
- 〈海瓜子〉將百里香葉、檸檬皮放在肉上，用鹽醃豬背脂薄片捲起來（ph.8）。
- 將3種貝類放入盒中，蓋上蓋子，用煙燻槍注入煙霧。

［重點］　**在餐桌上打開蓋子時，不僅會有煙霧裊裊升起，同時還能感受柴燒的香氣。**

螯龍蝦　紅菊苣　白蘆筍

這道菜的主要元素為螯龍蝦、馬鈴薯、松露跟奶油，是非常經典的法式料理組成。我店內所有的菜色都有精心搭配輕盈的蔬菜醬汁，不過光是如此恐會讓整體感覺略顯平淡。這個時候，只要加入一道這樣的經典法式料理，就能讓人感到滿足或平靜。口感輕盈的醬汁，搭配上帶有苦味的烤蔬菜，藉此營造出具有現代風格的點綴效果。

［餐點元素］

馬鈴薯包螯龍蝦
烤紅菊苣
煎白蘆筍
娜利普萊苦艾酒風味醬汁

（詳細食譜→ P.218）

- 螯龍蝦汆燙後去殼，裹上白肉魚泥。
- 將馬鈴薯切片裸炸到幾近酥脆，之後讓邊緣重疊排列成片狀。在上面放上汆燙好的螯龍蝦，捲起來（ph.1-2）。在鐵板上抹橄欖油，燒烤螯龍蝦（ph.3）。出餐之前放上松露奶油（ph.4），用烤箱加熱。
- 將裹上橄欖油的紅菊苣放上鐵板烤（ph.5），之後和法式淋醬、鹽巴與胡椒混合。白蘆筍要和奶油一起裝進真空袋蒸10分鐘，然後縱向對切後再煎（ph.6），直到上色。
- 在盤中鋪入娜利普萊苦艾酒的風味醬汁（ph.7），盛上螯龍蝦和蔬菜，淋上E.V.橄欖油，最後撒上百里香的花。

［重點］ **讓蔬菜烤到焦香上色，**
和螯龍蝦、醬汁的風味形成對比。

扇貝　絲綢乳酪　青蘋果

扇貝是最能展現春意的食材之一。這個時節的扇貝只要稍微加熱，就會散發出馥郁香氣。利用天然的絲綢乳酪襯托扇貝的甜味，再添上豆子沙拉，做成這道洋溢春天氣息的前菜。由「溫扇貝、冷沙拉」組成的這道料理，就連溫度的對比也充滿春天的季節感。青蘋果的清爽香氣、爽脆口感也是盤中的亮點。

［餐點元素］

煎扇貝貝柱
絲綢乳酪
豆子沙拉
青蘋果緞帶
甜豌豆泥
魚子醬

（詳細食譜→P.219）

- 在撒有鹽巴的扇貝貝柱撒上低筋麵粉，放在抹上油的鐵板上煎（ph.1）。讓上下兩面上色，並且也要轉到側邊稍微煎過（ph.2）。放進烤箱稍微加熱，讓內部呈現半生狀態。
- 將甜豌豆、四季豆與蠶豆（分別用加了砂糖、鹽巴的熱水汆燙），和紅蔥頭末、法式淋醬混合（ph.3）。
- 去掉青蘋果的芯，用削皮器切成緞帶狀的薄片（ph.4），再切成約10㎝條狀捲起（ph.5）。
- 在盤中鋪入絲綢乳酪（ph.6），放上扇貝貝柱。依個人喜好添上魚子醬。擺上豆子沙拉、甜豌豆泥，最後放上青蘋果緞帶。

［重點］　**扇貝要用鐵板來煎，讓內部呈現半生且微溫。**

鮭魚　紅椒　黃椒

有位認識的主廚告訴我，在烤紅椒中填入鮪魚拌美乃滋很好吃，於是我便從中獲得了這道菜的靈感。烤紅椒的濃郁風味和光滑口感非常舒服，很適合搭配沒有特殊氣味的魚。由於填入其中的韃靼鮭魚有1/3量稍微煎過，能夠讓味道產生出對比性。另外還使用小蕃茄以及黃椒，做成這道宛如南歐熟食、風格明亮的前菜。

［餐點元素］

紅椒捲韃靼鮭魚
糖煮小蕃茄
蕃茄醋凍
黃椒泥
黃椒醬汁
麗克塔乳酪

（詳細食譜→P.219）

- 〈韃靼〉以醃漬鹽（鹽巴3：砂糖2）醃漬鮭魚6分鐘，然後切成小丁狀（ph.1）。其中1/3用E.V.橄欖油稍微簡單煎過（ph.2）後馬上冷卻，和其餘的鮭魚混在一起。加入法式酸辣醬、香草碎混合（ph.3）。
- 將紅椒烤到外皮完全焦黑（ph.4），然後剝皮。去籽後切成1整片，擺上韃靼鮭魚捲起（ph.5-6）。
- 用百里香、蕃茄醋（蕃茄水、白色巴薩米克醋與鹽巴）醃漬小蕃茄3小時（ph.7）。過濾汁液，加入吉利丁做成凍。
- 在容器中鋪入黃椒泥，擺上鮭魚、小蕃茄與凍（ph.8）。麗克塔乳酪撕小塊撒上，最後倒入黃椒醬汁。

［重點］ **部分的韃靼鮭魚要稍微煎過，為整體風味增添層次感。**

章魚　蕃茄　生火腿　乳酪

在福岡市捕獲的水章魚（北太平洋巨型章魚）雖然不適合燉煮，但是只要切成薄片後稍微加熱，香氣和風味就會釋放出來，非常美味。由於蕃茄和章魚是不敗的組合，於是我依照慣例將兩者結合在一起，並且搭配上義大利式風格的元素，做成這道洋溢夏季氣息的前菜。搭配蕃茄的絲綢乳酪是布拉塔乳酪的內餡，呈現好比鮮奶油和纖維狀莫札瑞拉乳酪混合的濃稠狀態。

［餐點元素］

炒水章魚切片和吸盤
蕃茄
蘘荷法式酸辣醬
絲綢乳酪
生火腿薄片

（詳細食譜→P.220）

- 剝掉水章魚的皮（ph.1）。從皮上取下吸盤，將章魚肉切片（ph.2）。
- 用橄欖油將章魚切片、吸盤、大蒜薄片與迷迭香一起迅速炒過，之後馬上連同鍋子整個放在冰水上冷卻，再加入淡口醬油、檸檬汁與Piment D'Espelette辣椒粉（ph.3-4）。
- 用法式酸辣醬混合蘘荷末、蒔蘿末與細香蔥末（ph.5）。
- 生火腿薄片（ph.6）。用切片機將帕瑪火腿切成極薄的薄片，排在矽膠墊上放入乾燥機6小時。
- 將絲綢乳酪（ph.7）鋪在盤中，放上切好的蕃茄，再擺上蘘荷法式酸辣醬、炒章魚（ph.8）。插上生火腿薄片。

［重點］ **水章魚的極薄片和吸盤都要加熱，如此才能品嘗到不同的口感。**

長槍烏賊與黃櫛瓜

法式料理只要有用到烏賊這項食材，通常都會以煎或韃靼生食的方式來處理。但是因為我想用烏賊腳來做點創新的突破，於是便以柴火徹底烤出香氣，然後切碎用墨魚醬汁來煮，做成燉飯風格的料理。由於烏賊的香氣相當濃郁，因此我利用大量的炒黃櫛瓜來平衡整體的風味。

［餐點元素］

燉飯風烏賊腳
柴燒長槍烏賊
炒黃櫛瓜
糖漬檸檬皮醬
辣椒絲
萊姆皮屑

（詳細食譜→P.220）

- 長槍烏賊處理乾淨後分成身體和腳。在腳上塗抹橄欖油，以冒出熊熊火焰的柴火烤到完全焦黑（ph.1-2）。放在淺盤中置於冰水上冷卻（ph.3），然後切成碎末（ph.4）。
- 用橄欖油炒大蒜、洋蔥與紅蔥頭等，加入烏賊腳一起炒（ph.5）。加入墨魚汁、法式清湯與魚露煮到入味（ph.6）。加入糖漬檸檬皮醬。
- 在長槍烏賊的身體上塗抹橄欖油，用柴火快速炙燒（ph.7）。
- 將黃櫛瓜絲和大蒜一起快速拌炒（ph.8）。
- 在盤中放入燉飯風烏賊腳、柴燒長槍烏賊、黃櫛瓜絲，添上糖漬檸檬皮醬。

［重點］ **在燉飯風烏賊腳中加入糖漬檸檬皮醬，創造出爽口不膩的滋味。**

青石斑與萬願寺辣椒

九州可以捕撈到許多石斑類的魚，而其中最為鮮美的就是青石斑。這種魚有厚厚的皮，只要用烤盤將皮烤酥，再搭配上大量夏季蔬菜就十分美味。將蔬菜迅速炒過雖然也不錯，不過我決定放上網子烤出焦痕以突顯香氣。醬汁是烤過的萬願寺辣椒所製成的泥。是一道以火焰風味為基底的夏季料理。

［餐點元素］

烤青石斑
烤夏季蔬菜
毛豆
萬願寺辣椒醬汁
紫蘇油
櫛瓜花

（詳細食譜→ P.221）

- 將青石斑魚排（ph.1）切片。放在加熱好的烤盤快速將肉的那面烤過，然後翻面烤魚皮，等到皮變得酥脆便取下（ph.2-3）。之後塗上橄欖油，以烤箱加熱到內部也熟透。
- 用柴火烤事先燙過的四季豆（ph.4）。混合用烤網烤過的萬願寺辣椒和秋葵、煎過的茄子、蘘荷，再加入黑橄欖淋醬（ph.5）。
- 在萬願寺辣椒上塗橄欖油，用烤盤來烤（ph.6）。和調味料、橄欖油一起放入攪拌器攪打（ph.7），做成泥狀的醬汁。
- 鋪上萬願寺辣椒醬汁，放上青石斑（ph.8），再添上夏季蔬菜。

［重點］ **柴火無法將青石斑的厚皮完全烤透，必須以高溫的烤盤烤到變酥脆。**

鮪魚與夏季蔬菜

鮪魚的緊實感和肉類相似，只要用柴火炙燒使其帶有些許煙燻感，紅肉的滋味就會變得更加濃郁而強烈。當然，加熱只限於表面，裡面仍是一分熟。搭配熟識農家當天送來的鮮嫩蔬菜，再添上數種醬汁和泥類，讓顧客在品嘗時能夠同時享受變換口味的樂趣。整體的呈現風格近似於牛肉料理。

［餐點元素］

網烤鮪魚
夏季蔬菜
迷你馬鈴薯
洋蔥醬汁
綠蒜頭
哈里薩辣醬

（詳細食譜→P.221）

・基於愛護天然資源的出發點，鮪魚基本上都是選用養殖黑鮪魚。將鮪魚切成厚片，撒上鹽巴（ph.1-2）。裹上橄欖油，放上冒出熊熊火焰的柴火烤網炙燒，一邊增添煙燻香氣一邊將6個面都烤過（ph.3-4）。再切成2片（ph.5）。
・除了牛蒡、櫛瓜跟玉米筍外，也將當季的鮮嫩蔬菜用鐵板煎過；小洋蔥要用烤箱來烤；櫻桃蘿蔔要切塊（ph.6）。迷你馬鈴薯烤過後和淋醬混合（ph.7）。
・將鮪魚盛入盤中，放上醬汁類跟蔬菜（ph.8）。

［重點］ 用冒出熊熊火焰的柴火，確實將鮪魚表面烤出香氣。

第三章

—

［井上和洋／*Restaurant UOZEN*］

KAZUHIRO INOUE

Restaurant UOZEN

自從東京來到新潟的三条生活後，
從捕魚、打獵、務農的親身體驗中，
汲取創作料理的能量來源。
讓重新發掘到的食材個性、生命力，
昇華至更高層次的美味境界。

毛蟹　奶油南瓜

在傳統的「螃蟹前菜」中加入田野蔬菜的一道料理。將螃蟹、奶油南瓜泥、美式醬汁奶泡層層相疊，再擺上鮭魚子來增添口感變化與新潟元素。奶油南瓜的溫和甜味和毛蟹的細緻甜味非常契合。由於顏色也和美式醬汁相近，是會讓人想要拿來和甲殼類搭配的蔬菜。冬天有時候也會使用雪地紅蘿蔔。

［餐點元素］

毛蟹拌大蒜蛋黃醬
奶油南瓜泥
美式醬汁奶泡
鮭魚子
米香
旱金蓮
紅脈酸模

（詳細食譜→P.222）

- 用鹽水汆燙毛蟹，將肉撕開（ph.1）。蟹膏要保留備用。
- 在撕好的蟹肉中混入紅蔥頭末，加入油醋醬、神樂南蠻風味的大蒜蛋黃醬混勻（ph.2-3）。
- 隔水加熱毛蟹的蟹膏，置於容器底部（ph.4-5），接著盛入毛蟹拌大蒜蛋黃醬（ph.6）。疊上奶油南瓜泥（ph.7），然後擠上加了毛蟹美式醬汁的沙巴雍奶泡（ph.8）。
- 放上鮭魚子、越光米米香、旱金蓮與紅脈酸模。

［重點］　**旱金蓮的辣味、酸模的酸味、米香的嚼勁，完整烘托出整體和諧的滋味。**

韃靼長槍烏賊

我以前原本是用包過昆布的烏賊來製作，不過後來發現先用昆布包過後再放進石窯迅速炙燒，不僅甜味更加明顯，也會產生和生食截然不同的黏滑口感，讓人印象更為深刻。在韃靼烏賊中添加糖煮金柑的甜味和酸味、神樂南蠻（新潟特產的辣椒）的香氣、大蒜蛋黃醬的醇厚滋味跟米香的口感，為烏賊的風味創造出立體感。

［餐點元素］

韃靼烏賊與金柑
神樂南蠻風味的大蒜蛋黃醬
濃縮醬油
黑米米香
細香蔥
旱金蓮的花

（詳細食譜→P.222）

- 使用新潟外海冬天～初春時捕獲的長槍烏賊（ph.1）。撒上鹽巴後，以用日本酒擦拭過表面的昆布夾住，靜置15分鐘（ph.2）。在兩面塗上橄欖油（ph.3），用烤網夾住，放入石窯（400～450℃）。一面烤約10秒，接著翻面再烤約10秒（ph.4）。烤好後會呈現表面厚度約0.5㎜處泛白，內部則是一分熟的狀態。
- 將炙燒過的烏賊切成小丁。
- 將糖煮金柑（ph.5）切末，和烏賊混合，然後拌入紅蔥頭末、油醋醬（ph.6）。填進慕斯圈中，擠上神樂南蠻風味的大蒜蛋黃醬、熬煮過的濃縮醬油，再放上黑米米香（ph.7-8）、細香蔥與旱金蓮的花。

［重點］ **用昆布包住烏賊時，只要讓昆布稍微吸收烏賊的水分即可。**

佐渡牡蠣冰淇淋

佐渡的牡蠣帶有強烈的海潮氣息，無論是生食還是加熱烹調，那股濃濃的海味都給人有些狂野的印象。為了積極運用佐渡牡蠣的這種特性，我於是想出做成冰淇淋這個辦法。正因為牡蠣的氣味濃郁，即使冷凍過風味依舊會保留下來。另外，和牛奶結合也能增添柔滑綿密的口感。牡蠣只要加入適量鹽巴調味，舒適的餘韻就會在口腔中徐徐擴散。

［餐點元素］

牡蠣冰淇淋
昆布粉
西洋芹粉
白色巴薩米克醋風味的珍珠
香雪球

（詳細食譜→P.223）

- 佐渡加茂湖的牡蠣（ph.1）。雖然從晚秋到春天都能捕獲，不過2～3月的品質最佳。
- 帶殼蒸15分鐘，取下牡蠣肉（ph.2-3）。肉汁過濾後保留備用。
- 混合牡蠣和牡蠣肉汁、牛奶與鮮奶油（ph.4），煮沸後關火。放進攪拌器攪打，然後過濾（ph.5）。用鹽巴調味，接著加入轉化糖漿，放入冰淇淋機中製作（ph.6）。
- 將冰淇淋裝進殼中冷凍（ph.7）。
- 出餐之前撒上昆布粉與西洋芹粉，藉此突顯牡蠣的風味（ph.8）。

［重點］ **由於鹹味太淡的話會被海潮氣息蓋過去，因此要加入足量的鹽巴。**

法式鮟鱇魚凍

將以豬頭肉和膠質製成的法式凍派，利用鮟鱇魚加以變化。法式料理一般只會使用鮟鱇魚的魚肉，但是如果做成這道菜的形式，就能品嘗到包括滑嫩魚皮或內臟質地在內，整條魚的所有特色。另外，由於光只有鮟鱇魚的肉汁會讓鮮味缺乏深度，因此我加入了一半的野味清湯，做成果凍狀。最後佐上鮟鱇魚肝風味的海鮮濃湯。

［餐點元素］

法式鮟鱇魚凍
鮟鱇魚肝海鮮濃湯
蜂斗菜法式酸辣醬
黑蒜頭泥
醋漬木天蓼

（詳細食譜→P.223）

- 剝掉鮟鱇魚的皮，取出內臟後切成魚排（ph.1-2）。丟掉膽和腸子，魚排則用紙包起來去除水分。
- 在皮上撒鹽巴，充分揉捏（ph.3），然後用水清洗。
- 將內臟、魚皮、魚排分別擺放在淺盤中，撒上鹽巴和白酒（ph.4）。用蒸氣烘烤爐蒸20 ～ 30分鐘（ph.5），放涼後將各部位切成丁狀。取出部分魚肝備用。
- 將蒸好的鮟鱇魚均等地放入模具中，倒入以鮟鱇魚骨熬成的肉汁（加入野味清湯、魚醬與吉利丁），冷卻凝固（ph.6）。
- 〈海鮮濃湯〉將蒸好的鮟鱇魚肝、牛奶與鮮奶油放入鍋中加熱（ph.7），然後加入美式高湯，用手持攪拌棒打發起泡（ph.8）。

［重點］ **鮟鱇魚的肉、皮、內臟跟高湯全都加以利用。**

石窯烤佐渡牡丹蝦
佐柴燒奶油霜

我是來到當地才知道原來佐渡也能捕到牡丹蝦，只是在新潟一般稱之為「長額蝦」。有一道將蝦頭和蝦殼熬製的清湯凍覆蓋在綿滑生蝦上的菜色，已在不知不覺間成為本店的招牌料理，至於這個石窯烤則是這道料理的變化版。利用石窯的熱度迅速炙燒，鎖住蝦子的甜味和香氣，另外添上以熱炭增添香氣的奶油霜來強調「燒烤感」。

［餐點元素］

石窯烤牡丹蝦
柴燒奶油霜
牡丹蝦美式醬汁

（詳細食譜→P.224）

- 我覺得牡丹蝦很適合搭配亞洲風味香氣。在二次野味清湯中加入雪莉酒、香茅與馬蜂橙葉，將蝦子放進去醃漬（ph.1）。
- 擦乾水分後塗上蒜油（ph.2）。放入石窯一面炙燒約20秒，接著翻面再炙燒約20秒，加熱到表面微熟（ph.3-5）。
- 〈柴燒奶油霜〉木柴在石窯中燒得火紅後，放入鮮奶油（ph.6-7）。待鮮奶油不再沸騰並降至常溫，便放入冰箱冷藏室靜置1晚。出餐之前加入雪莉醋，打發起泡。
- 稍微熬煮以牡丹蝦頭和蝦殼製成的美式高湯，調味做成醬汁（ph.8）。

［重點］ **用石窯迅速炙燒帶殼牡丹蝦的兩面，加熱到表面微熟、內部還是生的狀態。**

佐渡西日本鳳螺　野生土當歸

日本鳳螺一般給人帶有強烈海洋腥味的印象，不過佐渡當地所產的西日本鳳螺卻是鮮味純淨且濃郁。只要加熱就會產生很多肉汁，由於直接喝也十分美味，於是我將其做成了湯。螺肉則是和土當歸、香草奶油一起炒。這道料理是法式焗蝸牛的變化版，只是我沒有加入大蒜，而是直接呈現西日本鳳螺和土當歸的自然香氣，將春季貝類的鮮美、海洋的礦物質、山野的礦物質結合在一起。

［餐點元素］

焗西日本鳳螺與土當歸
柑橘風味白奶油醬汁
汆燙土當歸片
細香蔥花
西日本鳳螺濃湯

（詳細食譜→P.224）

- 將西日本鳳螺放入鍋中，灑上酒後蓋上鍋蓋加熱，煮到冒出大量肉汁（ph.1）。加入二次野味清湯（ph.2）和昆布高湯，再放入洋蔥與薑，煮沸後撈除浮沫，繼續慢慢地煮2～3小時（ph.3）。關火放涼至常溫後分開螺肉和煮汁，將煮汁過濾後繼續熬煮。
- 加熱鮮奶油和牛奶，再加入熬煮過的鳳螺煮汁（ph.4），用手持攪拌棒打發起泡。
- 螺肉切丁（ph.5），和土當歸一起用鯷魚風味的香草奶油炒（ph.6）。填入慕斯圈中，倒入白奶油醬汁（ph.7-8），最後放上土當歸片。

［重點］　**以野味和昆布高湯熬煮，**
帶出西日本鳳螺純淨鮮甜的滋味。

櫻鱒與山羊白乳酪醬

使用以山中清流養殖的櫻鱒。先將魚養在水槽中一陣子，之後破壞神經後剖開，加以醃漬。由於櫻鱒的魚卵也很漂亮，所以用鹽醃漬做成「山中魚子醬」。將魚肉、魚卵，以及瀝乾後混入香草的山羊乳優格、現煎的俄式薄煎餅，搭配成一道佐白乳酪醬品嘗的料理（白乳酪醬為法國里昂的特產，人們會用麵包或蔬菜沾取以香草調味的白乳酪享用）。

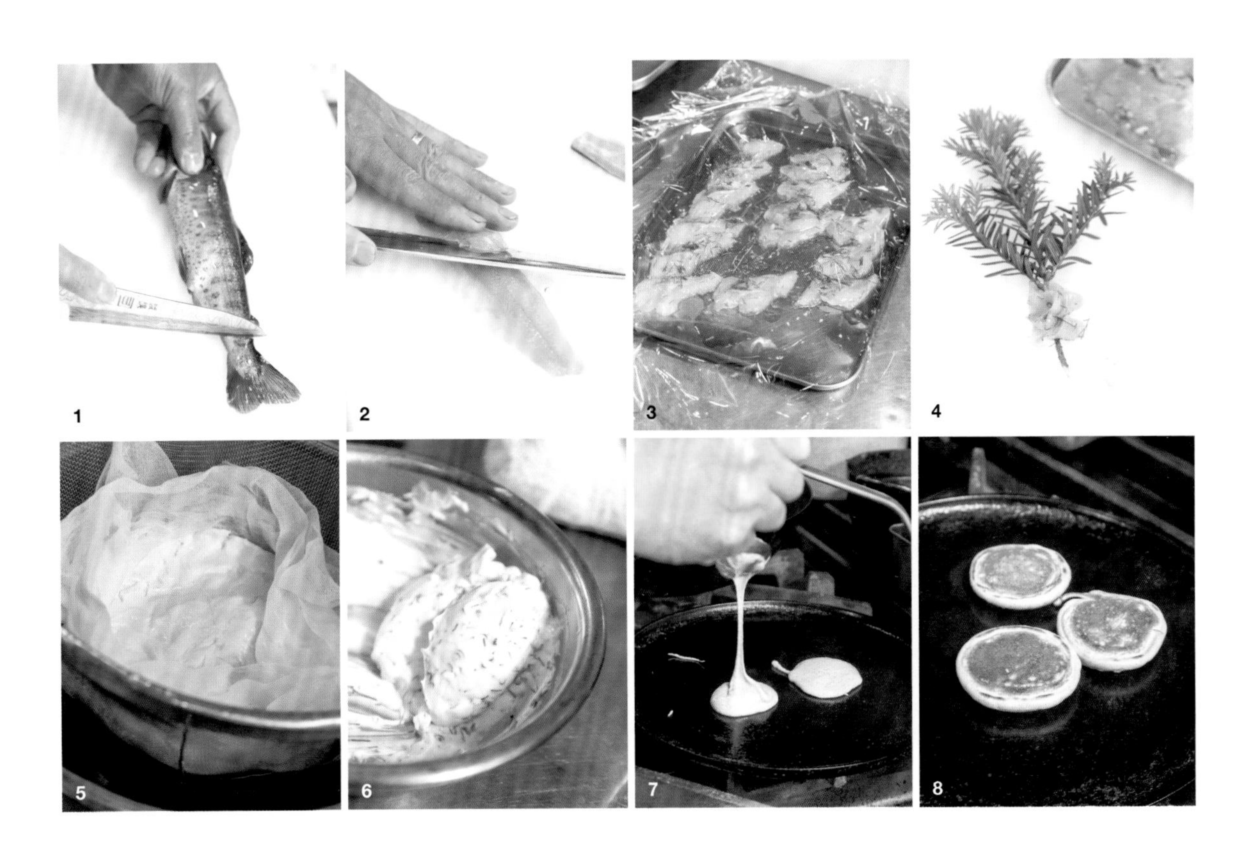

［餐點元素］

醃漬櫻鱒
櫻鱒的「魚子醬」
山羊白乳酪醬
俄式薄煎餅

（詳細食譜→P.225）

- 對活櫻鱒進行活締處理，破壞神經（ph.1）。
- 切成魚排後削切成薄片（ph.2）。撒上鹽巴、砂糖靜置約10分鐘，然後撒上切碎的茴香、淋上E.V.橄欖油，醃漬20～30分鐘（ph.3）。各將2～3片魚肉串在針葉樹的小樹枝上（ph.4）。
- 用紗布將山羊乳優格瀝乾水分1晚（ph.5），口感會變得像白乳酪一樣。以茴香、細香蔥、四季橘醋調味，塑形成橄欖球狀（ph.6）。和正統的白乳酪醬不同，這個沒有使用大蒜。裝盤時再添上香草油。
- 以蕎麥粉7：低筋麵粉3的比例，做出俄式薄煎餅麵糊，靜置半天再煎（ph.7-8）。

［重點］ **櫻鱒必須是活的。將活魚現剖開來。**

銀魚　芫荽　佐渡橘

銀魚要經過加熱，味道才會變得比較細緻。口感也是一樣，只要用石窯迅速加熱，肉質就會變得「鬆軟化口」到讓人覺得不可思議。由於銀魚和油的契合度很高，因此我用芫荽風味的熱那亞青醬攪拌，使其帶有佐渡橘的柑橘香，以及神樂南蠻辣椒經過發酵後產生的濃郁風味和酸味。神樂南蠻辣椒是在自家農田栽種成熟，經過發酵後磨成粉末。和未經發酵的辣粉是分開使用的。

［餐點元素］

石窯烤銀魚
芫荽熱那亞青醬
佐渡橘皮粉
發酵神樂南蠻辣椒粉

（詳細食譜→ P.225）

- 將銀魚（ph.1）放入窯烤用的細目烤網中，撒上鹽巴、噴上蒜油（ph.2）。將烤網放入石窯（ph.3）7～8秒便取出，攪拌銀魚讓熱度均勻分散（ph.4），之後再放入石窯數秒鐘。讓銀魚呈現微熟的狀態。
- 放入調理盆中，拌入芫荽熱那亞青醬（ph.5）。
- 盛入盤中，撒上2種粉末（ph.6），其中之一是用佐渡橘果皮磨成的粉（ph.7）。另外的辣椒粉則是，在自家栽種成熟的神樂南蠻（辣椒）上撒鹽巴使其發酵，然後瀝乾汁液、乾燥果肉後磨成（ph.8）。

［重點］　**銀魚要加熱到微妙的半生狀態。**

紅點鮭與山菜薄餅

關於要怎麼料理從溪中釣到的紅點鮭這個問題，我選擇將整條魚拿去炸，然後裹上以清湯為基底的醬料做成蒲燒風味。然後和鹽醃熊背脂、山菜一起用蕎麥粉薄餅捲起來，讓客人享受魚頭和魚骨酥脆的口感。不同於肉質細膩的香魚，只有紅點鮭才能創造出如此強而有力、富有個性的料理。另外，本店的套餐中必定會有一道「用手送進口中」的料理，而這便是其中之一。

［餐點元素］

蒲燒紅點鮭
蕎麥粉薄餅
鹽醃熊背脂
醋漬山葵葉
醋漬木天蓼
芹菜葉沙拉
蕎麥米香
鐵火味噌
山椒風味大蒜蛋黃醬

（詳細食譜→P.226）

・處理乾淨紅點鮭（ph.1）的內臟，撒上鹽巴後裹上低筋麵粉油炸（ph.2）。用明火烤爐烘烤的同時，也反覆塗抹熬煮過的野味清湯（以焦化奶油增添風味，並以四季橘醋賦予清爽感）（ph.3），讓醬料的味道確實沾附上去（ph.4-5）。
・煎蕎麥粉薄餅，用大慕斯圈切成圓形。鋪上醋漬山葵葉（ph.6）、放上紅點鮭，再擺上鹽醃熊背脂（ph.7）。再放上芹菜葉沙拉、蕎麥米香，撒上鐵火味噌的碎屑，最後添上山椒風味的大蒜蛋黃醬（ph.8）。

［重點］ **紅點鮭要確實炸到連骨頭都能吃。**
反覆塗抹醬料→炙燒的步驟，讓味道確實沾附。

山菜與蒸真鯛

新潟的真鯛肉質軟嫩，為了展現其細緻的口感，最好的烹調方式就是「蒸」。以75℃的蒸氣烘烤爐溫和地加熱，創造出蓬鬆柔軟的質地，再搭配上各式各樣的山菜。淋在上面的泡泡，是在鯛魚海鮮湯底中加入鮮奶油做成的簡單醬汁。沉穩的風味和水嫩肉質，突顯出山菜明快鮮香的香氣。

［餐點元素］

蒸真鯛
汆燙山菜
醋漬蜂斗菜
野生淺蔥
米香
真鯛海鮮湯底醬汁

（詳細食譜→P.226）

- 這是佐渡產的真鯛（ph.1）。將魚排切成寬約1.5㎝片狀，撒上鹽巴（ph.2）。靜置10分鐘，等到魚肉變通透就切塊，裝進抹了奶油的慕絲圈（ph.3）。在表面塗抹奶油，以75℃的蒸氣烘烤爐加熱13分鐘。
- 山菜是使用鴨兒芹、紅葉笠、圓葉玉簪與莢果蕨嫩葉（ph.4）。用加入鹽巴跟E.V.橄欖油的熱水，莢果蕨嫩葉汆燙45秒～1分鐘，其餘則汆燙7～8秒，之後泡冰水冷卻再瀝乾水分（ph.5-6）。莢果蕨嫩葉要切成一半的厚度。
- 將醋漬蜂斗菜（ph.7）、野生淺蔥擺在鯛魚上，放在鋪有鴨兒芹的盤中，取下慕斯圈（ph.8）。擺上其他山菜，淋上打發起泡的醬汁，最後撒上米香。

［重點］ **用昆布、酒跟水熬煮魚骨和洋蔥，做成風味輕盈的真鯛海鮮湯底。**

鮪魚胃串

如果只使用當地的魚種來設計菜單，那麼「除了主要部位外，也將所有部位物盡其用」這件事是個優點，同時也是必然的。尤其在食材種類缺乏的過渡時期，我會利用平常不使用的部位來增添變化。鮪魚的胃和心臟是口感十分有趣的稀有部位。只不過由於新鮮度非常重要，所以我會在船上現剖自己釣到的魚，泡在冰水中帶回後立刻進行事前處理。

［餐點元素］

蒸鮪魚胃
香草奶油
芫荽花

（詳細食譜→P.227）

- 用鹽巴揉搓鮪魚胃，再用水清洗（ph.1）。切掉邊緣較硬的部分（ph.2）。
- 放入淺盤中，撒上鹽巴後擺上薑片、淋上日本酒（ph.3）。蓋上保鮮膜，以100℃蒸1小時～1小時半。這是蒸好的狀態（ph.4）。切成約3㎝寬片狀（ph.5）。
- 準備沒有加入大蒜的生火腿風味香草奶油（ph.6）。將多種香草揉進奶油中，再以生火腿、杏仁粉增添鮮味。將這個奶油和鮪魚胃一起放入鍋中加熱，均勻混合（ph.7）。最後再用明火烤爐加熱。
- 串在鮪魚骨上，放上芫荽花（ph.8）。

［重點］ **以沒有加入大蒜的香草奶油來增添優雅的香氣和層次。**

法式香魚濃湯

將「法式香魚肉醬」加以變化為法式濃湯。用二次清湯熬煮整條烤過的香魚、香味蔬菜、肥肝以及紅酒作為基底，再加入牛奶和鮮奶油稀釋。風味的重點在於杜松子，能夠將香魚內臟的香氣突顯出來。我將朋友從溪中釣到的小香魚一夜干用石窯烤過，擺在容器上，讓客人可以從頭開始咀嚼，同時品嘗法式濃湯的滋味。

［餐點元素］

法式香魚濃湯
烤香魚乾
香料味噌
蕎麥米香
高山蓍的花
山椒葉

（詳細食譜→P.227）

- 〈法式濃湯的基底〉（ph.1）。將洋蔥和大蒜炒過，然後加入香魚（用鹽巴和杜松子醃漬後烤過）、肥肝、紅酒與二次野味清湯熬煮，再放入食物調理機攪打。
- 在這個基底裡面放入牛奶和鮮奶油加熱，打發起泡（ph.2-3）。
- 香魚乾的作法是將香魚用濃度3%的鹽水浸泡15分鐘，然後風乾1晚（ph.4）。用石窯將香魚乾炙燒出香氣（ph.5-6）。
- 將混入丁香或小豆蔻的香料味噌點綴在香魚上（ph.7）。
- 將少量香料味噌塗在蕎麥米香上，再使其漂浮於濃湯上（ph.8）。

［重點］ **香魚要做成一夜干，在半生狀態下用石窯迅速烤過。**

岩牡蠣　生豆皮

在保持57～60℃的昆布高湯中慢慢加熱佐渡的岩牡蠣，讓整體呈現Mie cuit（半生）的狀態。入口後，首先感受到的是柔軟蓬鬆的口感，緊接著特有的濃郁綿密感會逐漸在口腔中擴散。溫度控制是唯一也是最大的重點。搭配上與牡蠣的風味和口感契合的生豆皮，並且以加入青海苔的野味清湯凍來增添鮮味和海洋氣息。

［餐點元素］

煮岩牡蠣
生豆皮
青海苔清湯凍
旱金蓮的花和葉

（詳細食譜→P.227）

- 這是佐渡產的岩牡蠣（ph.1）。打開殼，快速清洗牡蠣肉，然後放入加熱到57～60℃的昆布高湯中。保持這個溫度，加熱7分鐘（ph.2）。
- 連同鍋子一起泡在冰水中冷卻（ph.3）。
- 在野味清湯凍（ph.4）中加入青海苔和魚醬。
- 在殼中鋪入生豆皮（ph.5），盛上岩牡蠣，再放上凍（ph.6）。

［重點］ **煮牡蠣要連鍋子一起用冰水冷卻。**
為避免風味流失，冷卻後要立刻瀝乾水分、端上餐桌。

北極甜蝦　昆布　酢漿草
越光米沙拉

在沒有牡丹蝦的季節，我會將以生牡丹蝦和清湯凍做成的招牌料理，改用北極甜蝦加以變化。甜蝦要先稍微用昆布包覆、調整水分，再用馬蜂橙風味的油加以醃漬。之後和越光米沙拉、甜蝦清湯凍重疊。佐上使用大量農地香草、香氣十足的香草油，做成這道充滿夏日氣息的沙拉。

［餐點元素］

馬蜂橙風味的醃漬甜蝦
片狀甜蝦清湯凍
米沙拉
香草油
酢漿草

（詳細食譜→P.228）

- 使用佐渡外海的甜蝦（ph.1）。去殼後，以用日本酒擦拭過表面的昆布夾住，靜置1小時～1小時半（ph.2），然後淋上檸檬葉油。檸檬葉油是用混合好的葵花油和橄欖油醃漬馬蜂橙（泰國檸檬）葉，充滿亞洲風味香氣（ph.3）。
- 〈米沙拉〉在煮好的米飯（越光米）中拌入大蒜辣椒醬、油醋醬與細香蔥末（ph.4）。
- 製作以甜蝦頭和殼為基底的清湯，在淺盤中薄薄地倒入一層，再冷卻凝固。用慕斯圈取型（ph.5），在上面擺放米沙拉，排上甜蝦，再塗上檸檬葉油（ph.6-7）。取下慕斯圈，在周圍倒入香草油（ph.8），最後擺上酢漿草做裝飾。

［重點］　**甜蝦不要用昆布包覆太久，只要去除多餘水分即可。**

石窯烤赤魷
法式豌豆泥

在新潟外海夏天能夠捕到的赤魷尺寸龐大，但與體型相比肉質卻相當軟嫩。用石窯迅速炙燒單面，為香氣和口感增添變化。以裹上茴香香氣的赤魷搭配豌豆醬，創造出這道洋溢初夏風情的料理。最後撒上的不是鰹魚乾而是鹿肉乾（以鹽醃鹿腱肉乾燥而成），藉以增添鮮味。

［餐點元素］

石窯烤赤魷
豌豆泥
發酵神樂南蠻辣椒粉
鹿肉乾
西洋芹苗

（詳細食譜→P.228）

- 剝掉赤魷的薄皮，用刀子劃入細緻的切痕（ph.1）。在背面撒鹽巴靜置約10分鐘，之後放在網子上送入石窯，炙燒約10秒（ph.2）。由於窯內的熱度來自上方，所以朝上那面會乾燥微縮，呈現整體溫熱的狀態（ph.3）。將赤魷切成細絲。從斷面可以看出熟度（ph.4）。
- 和茴香籽與E.V.橄欖油混合（ph.5）。
- 〈豌豆泥〉用二次野味清湯煮汆燙過的豌豆與炒過的紅蔥頭，然後放入攪拌器攪打後急速冷卻（ph.6）。加熱後以牛奶稀釋，再加入水煮豌豆。
- 將魷魚盛入盤中，淋上豌豆泥（ph.7）。在餐桌上削鹿肉乾（ph.8）。

［重點］ **魷魚只要炙燒單面即可，藉此為口感創造對比性。**

石窯烤比目魚
發酵蕃茄　醋漬蜂斗菜

自開業以來，我原先都是使用炭火、柴火來烤魚，不過後來又引進了石窯。用石窯來烤，可以更自然地發揮魚原有的香氣，並且烤出更加鬆軟的口感。比目魚要用近身處溫度較低的區域慢慢烤；但如果是湯氏平鮋就要用深處的高溫區來烤，讓表面酥脆、內部略生，藉以展現富有彈性的肉質……我會像這樣運用窯內不同的溫度帶來燒烤。

［餐點元素］

石窯烤比目魚
發酵蕃茄奶油醬汁
牛蒡與黑橄欖泥
煎茴香
香草油

（詳細食譜→P.228）

- 比目魚（ph.1）切塊後撒上鹽巴，靜置約1小時。裹上橄欖油（ph.2），放在網子上。擺在石窯內近身處溫度130～150℃的位置，慢慢地烤（ph.3），等到熟了就移到溫度350℃的位置，加熱20～30秒。
- 剝皮去骨（ph.4）。
- 將醋漬蜂斗菜（ph.5）切末。
- 在鮮奶油中加入發酵蕃茄的汁液（切塊蕃茄撒鹽巴後裝進真空袋，在常溫下靜置1週，然後過濾液體）（ph.6）。把醋漬蜂斗菜也加進去，適當地熬煮過（ph.7）。淋在盛入盤中的比目魚上（ph.8）。

［重點］ **利用加入發酵蕃茄的汁液、醋漬蜂斗菜熬煮而成的鮮奶油醬汁，溫柔包覆魚的風味。**

醬燉佐渡鮑魚

佐渡的鮑魚帶有很強烈的海潮氣息。比起追求精緻細膩，我更想強調濃烈的野生氣息，另外也想使用外套膜或內臟來展現個性……於是我想到利用「醬燉」的料理方式來呈現。以內臟類、黑蒜頭、紅味噌等做出味道醇厚的基底，然後加入紅酒醬（基底是野味湯底）做成醬汁。目標是以濃郁的鮮味完整襯托出鮑魚的個性。

［餐點元素］

煎煮鮑魚
鮑魚燉煮醬汁
烤百合根
百合根泥

（詳細食譜→P.229）

- 用棕刷將佐渡鮑魚（ph.1）刷洗乾淨，然後連殼和昆布、白酒、魚醬與二次野味清湯一起裝進真空袋，以90℃的蒸氣烘烤爐加熱4～5小時（ph.2-4）。放涼後分成貝柱、外套膜、肝與汁。
- 〈燉煮醬汁的基底〉將紅蔥頭、鮑魚肝與黑蒜頭炒過後，加入紅酒、紅味噌與鮑魚煮汁熬煮，接著放入攪拌器攪打。打出來的泥就是燉煮醬汁的基底。
- 在紅酒醬汁中加入燉煮醬汁的基底熬煮（ph.5）。
- 用奶油煎香蒸好的鮑魚（ph.6）。瀝油後切對半，放在醬汁中加熱（ph.7-8）。

［重點］ **鮑魚要連殼裝進真空袋來蒸，將海潮氣息鎖在肉裡面。**

第四章

———

［相原薰／*Simplicité*］

KAORU AIHARA

Simplicité

「靜置」鮮魚所產生的鮮味和口感，
會帶給料理何種活力呢？
探究日本特有魚類的特性與熟成技法，
為法式料理開啟新境界。

魚膘　墨魚汁

法式鹹派的內餡會如此漆黑，是因為在其中使用了墨魚汁。這樣的組合乍看相當奇特，但其實墨魚汁的醇厚滋味能夠襯托大頭鱈魚膘的綿密風味和濃稠口感，而且白與黑的對比性也十分有趣。稍微烤過的乾燥蕃茄片，則是為整體風味和口感帶來亮點。我以前學藝過的餐廳「LA MAREE」有一道「海膽法式鹹派」，這是對其的致敬之作。

［餐點元素］

魚膘與墨魚汁塔
溫泉蛋蛋黃
大蒜辣椒醬
乾燥蕃茄

（詳細食譜→ P.230）

- 將處理乾淨的大頭鱈魚膘（ph.1）和昆布高湯一起裝進真空袋，以68℃的熱水加熱10分鐘（ph.2）。
- 在塔殼中放入溫泉蛋蛋黃，撒上鹽巴（ph.3）。放上魚膘，倒入內餡（混合昆布高湯、蛋黃、鮮奶油與墨魚醬汁，以鹽巴調味）（ph.4-5）。撒上乾燥蕃茄，用明火烤爐加熱約1～2分鐘（ph.6）。

［重點］ **魚膘要仔細去除血管，泡在流水中徹底去除血水。**

煙燻沙丁魚

沙丁魚經過熟成後，鮮味會變得溫潤，肉質也會更加蓬鬆與柔軟。透過稍微煙燻為鮮味增添層次感，並且放在海苔風味的米脆片上讓口感產生對比性，做成這道「壽司」風格的前菜。利用以竹炭染色的烤蔥奶油添加焦香風味，再以甘醋漬嫩薑為餘味帶來清爽感。

［餐點元素］

煙燻沙丁魚
甘醋漬嫩薑
烤蔥奶油
海苔風味米脆片

（詳細食譜→ P.230）

- 在處理乾淨的沙丁魚肉上噴灑鹽水（ph.1-2）。這是鹽分濃度20%的沖繩濃縮海洋深層水，會充分滲透到魚肉中。靜置15分鐘。
- 用紙擦乾水分，裝進真空袋（ph.3），在冰溫下靜置5天以上。每條沙丁魚的熟成速度和狀態不盡相同，因此要每天視情況使用。
- 修整熟成完畢的魚片（ph.4）。在其上整齊擺放甘醋漬嫩薑，再添上細香蔥（ph.5）。將烤蔥奶油擠成圓點狀。
- 將沙丁魚放在海苔脆片上，盛入鋪有葡萄樹枝的盤中。蓋上玻璃鐘形罩，從縫隙用煙燻槍注入煙霧（ph.6-7）。以這個狀態出餐（ph.8），在餐桌上打開鐘形罩。

［重點］ **沙丁魚要挑選油脂豐厚的。**
每條都要經過嚴格確認才能使用。

烏賊飯

這是以我曾在壽司店享用過的「烏賊醋飯」為發想的開胃菜。其美味的關鍵在於含有烏賊高湯的煮汁。我的作法不是煮烏賊，而是將以烏賊清湯燉煮入味的米飯填進小烏賊中油炸。米飯使用的是黑米，並且加入墨魚汁讓顏色更加漆黑，再以酒醋創造出清爽的風味。以簡單的料理方法將現炸的烏賊飯呈現在客人眼前。

［餐點元素］

油炸小長槍烏賊
墨魚醬汁煮黑米
萊姆果肉與乾燥蕃茄

（詳細食譜→ P.230）

- 將小長槍烏賊處理乾淨，身體冷凍1週。這是解凍後的狀態（ph.1）。
- 用烤箱烤烏賊的鰭和腳，和西洋芹、蛋白混合，用攪拌器攪打。之後加到魚高湯中煮，取得清湯。
- 在烏賊清湯中加入墨魚醬汁煮溶，然後加入水煮過的黑米煮到入味（ph.2-3）。放涼後，混入白酒醋和乾燥蕃茄（ph.4）。
- 在烏賊中填入墨魚醬汁煮黑米（ph.5-6），裹上糯米粉油炸（ph.7-8）。
- 將萊姆果肉、乾燥蕃茄丁、細香蔥擺放在油炸烏賊上。

［重點］ **冷凍小長槍烏賊的用意是①軟化肉質，②殺死海獸胃線蟲。**

鰈魚與咖哩

日本的鰈魚因為味道清淡，與其勉強做成法式料理，簡單地炸酥反而比較好吃。因此，我將明石產的角木葉鰈熟成3～4天，讓味道濃縮之後再裹上糯米粉油炸，做成這道口感酥脆的開胃菜。最後再撒上咖哩粉讓香氣更加濃郁。為了方便用手抓著吃，我將鰈魚放在蕎麥粉做的瓦片餅乾上。

［餐點元素］

咖哩風味炸鰈魚
蕎麥粉瓦片
塔塔醬
蕃茄乳酪醬
薑脆片

（詳細食譜→P.231）

- 在角木葉鰈的魚排上撒鹽巴，靜置15分鐘後裝進真空袋，在冰溫下熟成3～4天。切成一口大小，裹上糯米粉（ph.1）油炸（ph.2）。
- 鰈魚的骨頭也要裸炸（ph.3），作為擺盤使用。
- 準備蕎麥粉瓦片（ph.4）。烤出蕎麥粉做的法式薄餅（可麗餅）後切成長方形，捲在圓筒上使其乾燥。
- 將炸鰈魚切塊擺在瓦片上（ph.5），塗上塔塔醬。擠上蕃茄乳酪醬（ph.6），擺上薑脆片，再撒上咖哩粉。

［重點］ **鰈魚要裹上糯米粉來炸，**
以強調香氣和酥脆感。

螃蟹與胺基酸

這道前菜是以螃蟹和蕃茄的絕妙搭配為主軸所構成的。螃蟹中拌入鹽漬檸檬美乃滋，蕃茄水則是加入了魚醬和檸檬汁，打成蓬蓬鬆鬆的泡泡。利用恰到好處的酸味、胺基酸的鮮味及蓬鬆口感，來突顯螃蟹的風味。另外，我還搭配上甲殼類清湯凍、白花椰菜慕斯，在擺盤營造出「螃蟹吐泡泡」的感覺。

［餐點元素］

鹽檸檬風味的螃蟹
甲殼類清湯凍
白花椰菜慕斯
炒麵包粉
蕃茄魚醬泡泡

（詳細食譜→P.231）

・這是經常用來為海鮮調味的鹽漬綠檸檬（ph.1）。其清爽的酸味、苦味與鹹味，和熟成魚、甲殼類的鮮味十分契合。在混合蒸好的母松葉蟹肉絲、蟹黃與蟹卵中，加入鹽檸檬、紅蔥頭、細香蔥攪拌，再用美乃滋拌勻（ph.2）。
・在蕃茄水中加入魚醬、檸檬汁與乳清調味，然後加入乾燥蛋白打發起泡（ph.3-4）。
・將片狀甲殼類清湯凍放在螃蟹殼上，盛入鹽檸檬風味的螃蟹（ph.5-6）。在白花椰菜泥中加入打發起泡的鮮奶油做成慕斯，塑形成橄欖球狀擺放在蟹肉上（ph.7-8）。撒上炒麵包粉和細香蔥末，最後疊上蕃茄魚醬泡泡。

［重點］ **在蟹肉絲中混入蟹黃、蟹卵，為鮮味和口感增添亮點。**

鰆魚與菊芋 ～韃靼～

用鹽巴稍微讓明石產的鰆魚脫水，熟成1週後稍微煙燻。接著繼續熟成1週，讓煙燻香氣滲入其中，鮮味也會變得更有層次。切成丁之後，和白味噌、美乃滋等拌勻，然後用菊芋慕斯覆蓋，最後以菊芋脆片裝飾成花瓣的造型。脆片的酥脆感，突顯了魚和慕斯溫潤和諧的滋味。

［餐點元素］

韃靼鰆魚
菊芋慕斯
菊芋脆片
黑萊姆粉

（詳細食譜→P.231）

- 讓鰆魚魚排裹上甜菜糖＋鹽巴（ph.1），靜置2小時。用水洗淨後去除水分，裝進真空袋，在冰溫下熟成1週（ph.2）。
- 放入調理盆中後包上保鮮膜，從縫隙用煙燻槍注入煙霧（ph.3）。封住保鮮膜，靜置15分鐘，之後再重複相同的步驟。取出後裝進真空袋，在冰溫下熟成1週。
- 將熟成完畢的鰆魚切丁（ph.4），和菊芋醬汁（菊芋泥、美乃滋與白味噌等）攪拌均勻（ph.5）。
- 在菊芋泥中加入打發起泡的鮮奶油（ph.6），做成慕斯。
- 在盤中抹上菊芋醬汁，放上韃靼鰆魚、擺上慕斯（ph.7）。用菊芋脆片（裸炸菊芋片）貼滿慕斯（ph.8）。

［重點］ **煙燻時要想著「讓煙包裹住鰆魚」。**

河豚與百合根 ~韃靼~

韃靼在法式料理中是很普遍的生魚料理，而且因為容易變化，所以各種魚類都會被拿來運用。我一開始原本認為河豚的味道清淡且肉質偏硬，不適合做成法式料理。但是用昆布包覆再熟成幾天後，不僅鮮味提升了，肉質也軟嫩許多，變得非常適合做成韃靼料理。

［餐點元素］

韃靼河豚
百合根慕斯
炸河豚皮
快速醋漬百合根
帕達諾乳酪法式薄餅
松露

（詳細食譜→P.232）

- 在河豚魚排上撒鹽巴，醃漬90分鐘。水洗後擦乾水分，用昆布夾住裝進真空袋，靜置12小時（ph.1）。取下昆布，再次裝進真空袋，在冰溫下熟成2天以上直到肉質軟化（ph.2）。
- 河豚皮要用乾燥機乾燥（ph.3），然後油炸（ph.4）。
- 將熟成完畢的河豚切丁，拌入水煮過的河豚皮、紅蔥頭、松露、細香蔥與百合根醬汁（ph.5-6）。用松露油以及鹽巴調味（ph.7）。
- 在玻璃杯中盛入韃靼河豚與百合根醬汁。放上帕達諾乳酪法式薄餅（ph.8），擺放上切成棒狀的松露，最後將炸河豚皮擺在杯子旁。

［重點］ **河豚不要過度熟成。**
要適當保留肉質的口感，並使其帶有昆布鮮味。

小烏賊與土當歸

「烏賊與朝鮮薊」在南法是很常見的搭配，要是替換成別種蔬菜會怎麼樣呢？抱著這樣的想法嘗試看看，最後我找到了土當歸。土當歸沉穩又獨特的滋味和烏賊非常契合。我將土當歸打成泥，鋪在煎小烏賊之下。另外佐上墨魚醬汁、烏賊風味的米脆片以及汆燙土當歸葉尖，讓客人充分享受各自的風味與相異的口感。

［餐點元素］

煎小長槍烏賊
墨魚醬汁
土當歸泥
醋漬土當歸
汆燙土當歸葉尖
烏賊風味米脆片

（詳細食譜→P.232）

- 小長槍烏賊要先冷凍1週。這是解凍之後的狀態（ph.1）。用橄欖油將兩面煎過（ph.2）。加入紅蔥頭末、荷蘭芹奶油拌勻（ph.3）。
- 土當歸泥（ph.4）。作法是將土當歸和紅蔥頭一起炒，加入雞高湯熬煮，然後放入攪拌器攪打。
- 在墨魚醬汁中加入大蒜辣椒醬，調整濃度（ph.5）。
- 瀝乾醋漬土當歸的水分（ph.6）。
- 將2個慕斯圈擺在盤子上，在外側倒入土當歸泥，中央倒入墨魚醬汁（ph.7）。在泥上擺放煎烏賊、配菜類（ph.8）。

［重點］ **在煎烏賊之前，務必先將平底鍋加熱至高溫。**
迅速煎過兩面，讓內部呈現半生狀態。

牡蠣

為了支持因為新冠疫情而失去客戶的業者，我開始使用養殖牡蠣。考量到安全因素，必須要加熱後食用，但我也希望能夠同時兼顧美味。於是，我將牡蠣煎過後用濃郁的醬汁來煮，做成檸檬風味的油漬料理。靈感是取自中國料理的油漬牡蠣。從第5天起，醬汁的鮮味和熟成感會滲入牡蠣中，一鼓作氣地讓牡蠣變得美味，然後大約過了2週，整體風味就會徹底穩定下來。

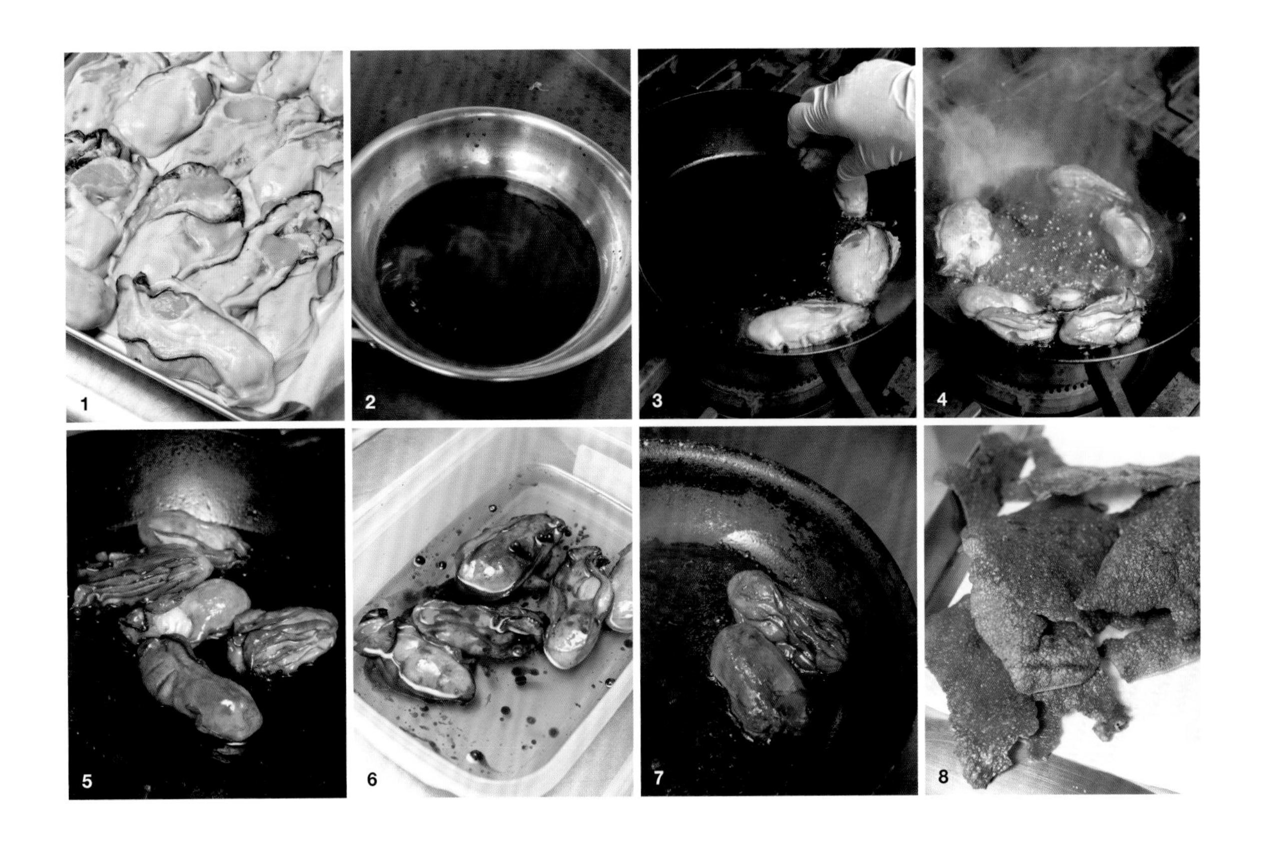

［餐點元素］

油漬牡蠣
自製蠔油
牡蠣風味米脆片
蕃茄泡泡
炒藜麥

（詳細食譜→P.233）

- 將牡蠣的肉和肉汁分開，用廚房紙巾瀝乾（ph.1）。
- 用來烹調牡蠣的鮪魚乾紅酒醬汁（ph.2）。作法是熬煮紅酒和馬德拉酒，加入昆布、小魚乾與蔬菜高湯，最後再加入鮪魚乾熬煮而成。颯爽的鮮味很適合用來搭配海鮮。
- 用橄欖油和大蒜煎牡蠣（ph.3）。加入馬告、佩德羅西梅內斯酒醋與鮪魚乾紅酒醬汁熬煮（ph.4-5）。冷卻後浸泡在檸檬香料油中，靜置2週以上（ph.6），約可保存2個月。出餐前用平底鍋加熱（ph.7）。
- 將未使用到的牡蠣製作成自製蠔油。
- 將蠔油加到粥裡乾燥後，油炸做成脆片（ph.8）。

［重點］ **牡蠣要加熱到內部熟透，但是不要讓肉變得乾柴。**

魩仔魚與白蘆筍

用海藻奶油（法國伯迪耶製造）將新鮮魩仔魚迅速炒過。稍微加熱讓肉質變得鬆軟，再增添上萊姆風味。就這樣直接當成開胃菜也可以，不過這裡是搭配上現煮的白蘆筍做成前菜。自製蠔油的牡蠣香氣和白蘆筍的風味意外合拍。是能夠簡單品嘗到當季風味的一道春季料理。

［餐點元素］

海藻奶油炒魩仔魚
煮白蘆筍
牡蠣風味米脆片
萊姆果肉
烘烤杏仁片

（詳細食譜→P.233）

- 將白蘆筍處理乾淨，一開始只將根部浸在熱水中約30秒，之後再將全部都浸入水煮約8分鐘（ph.1-2）。撈起來切成一口大小。
- 魩仔魚是使用駿河灣產的大尾新鮮魩仔魚。先用海藻奶油炒紅蔥頭末，接著加入魩仔魚與細香蔥快速拌炒，並以鹽巴調味（ph.3-5）。
- 在盤中放上少量蠔油，盛上白蘆筍，再放上炒魩仔魚（ph.6-7）。
- 撒上牡蠣風味米脆片（ph.8）。

［重點］ **由於魩仔魚一旦熟透就會碎散，**
因此只要「利用奶油的熱度加熱一下」即可。

4年生扇貝

循規蹈矩地以鐵板將厚實的4年生扇貝煎得漂漂亮亮，然後搭配上大蒜荷蘭芹風味的馬鈴薯泥。這道菜的發想是源於「貽貝薯條」——貝類的香甜滋味和馬鈴薯十分對味。添上以扇貝的外套膜熬製的肉汁泡泡，進一步強調貝類的香氣。另外，這道菜若改以貽貝來製作，就會將貽貝的肉汁泡泡做成蕃紅花風味。

［餐點元素］

煎扇貝貝柱
荷蘭芹風味馬鈴薯泥
炸金針菇
蕃紅花風味大蒜辣椒醬
扇貝肉汁泡泡

（詳細食譜→P.234）

- 將扇貝貝柱冷凍1週。解凍後撒上鹽巴，用鐵板來煎（ph.1）。單面煎約1分鐘後，翻面（ph.2）再煎約30秒。接著改用明火烤爐加熱（ph.3），讓內部呈現半生狀態。用湯匙隨意地剝開（ph.4）。
- 用鮮奶油稀釋馬鈴薯泥，和荷蘭芹泥混合（ph.5）。撕開炸好的金針菇（ph.6）。
- 將泥倒入扇貝殼中，盛上扇貝貝柱。擺上炸金針菇、蕃紅花風味大蒜辣椒醬。在以烤過的扇貝外套膜製成的高湯中加入鮮奶油和奶油，攪拌起泡後放於貝殼上。

［重點］ **比起切得整整齊齊，用湯匙剝開扇貝會讓舌頭更容易接觸纖維而感受到甜味。**

鹽焗明蝦

將活明蝦浸泡在干邑白蘭地之中，使其充分吸收鮮味和香氣後，用昆布捲起來再鹽焗。這道菜的靈感來源是中國料理的「醉蝦」。我運用技法將蝦肉處理成柔軟到幾乎化開一般，同時蝦膏也會更加鮮甜，這就是此技法在法式料理上的呈現。

［餐點元素］

鹽焗明蝦
蝦鹽
蝦子清湯
鹽檸檬
紅脈酸模沙拉

（詳細食譜→P.234）

- 混合昆布高湯、干邑白蘭地與糖漿（10：1：1），將活明蝦浸泡其中，醃漬4～5小時（ph.1）。
- 撈起蝦子，串上竹籤，以用日本酒擦拭過的昆布包起（ph.2）。
- 在岩鹽中混入低筋麵粉、蛋白等，做成鹽焗的材料。攤平後放上蝦子昆布捲（ph.3），蓋上鹽巴，將整體密實地包覆固定（ph.4）。在蝦頭和蝦身的交界處做記號。
- 放入220℃的烤箱烤12分鐘，再以明火烤爐加熱6分鐘（ph.5-6）。置於燈下靜置6分鐘。在記號處插入鐵籤以確認熟度（ph.7）。
- 從鹽焗中取出，拔掉竹籤（ph.8）。

［重點］ **藉由用昆布包覆調整鹹度，同時增添鮮味和香氣。**

法式焗蠑螺

這道料理是我以前在「LA MAREE」學藝時接觸到的「法式焗皇冠蠑螺」之升級版。為了讓蠑螺獨特的苦味嘗起來舒服又有層次，我在最後淋上行者大蒜油、蕃紅花風味的蛤蜊清湯使其濕潤。乾燥蕃茄的酸味和鮮味也是這道料理的亮點。最後放上大量以蠑螺蒸汁作為基底的泡泡。

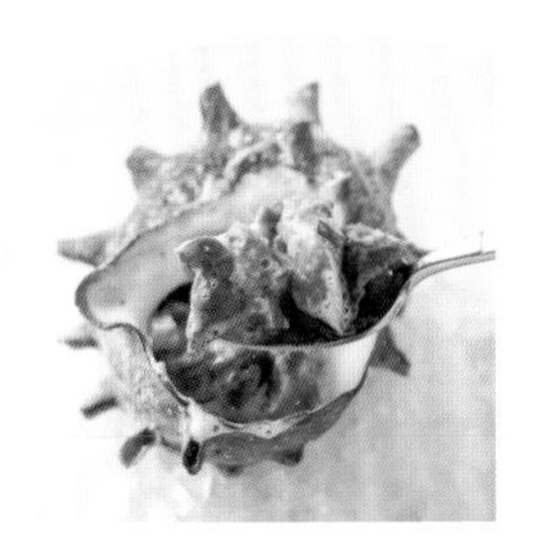

［餐點元素］

法式焗蠑螺
蠑螺肉汁泡泡
清湯煮黑米
行者大蒜油
蛤蜊清湯
乾燥蕃茄

（詳細食譜→ P.235）

・將酒蒸過的蠑螺分切成一口大小。和荷蘭芹奶油一起下鍋，一邊加熱一邊攪拌（ph.1）。
・〈蠑螺肉汁泡泡〉在蠑螺的蒸汁中加入鮮奶油稍微熬煮，然後用攪拌器打發起泡（ph.2）。
・在蠑螺殼中放入長棍麵包塊，接著放入1匙用蛤蜊清湯熬煮入味的黑米（ph.3）。盛入法式焗蠑螺（ph.4），放上蠑螺肝，淋上行者大蒜油（ph.5）。加入油漬乾燥蕃茄與蕃紅花風味的蛤蜊清湯（ph.6），最後盛上大量蠑螺肉汁泡泡。

［重點］ **讓鋪在殼底的麵包和米飯吸收湯汁，創造充滿餘韻的美味。**

星鰻小黃瓜

用慕斯圈將蒸星鰻切成圓形，只將皮煎成金黃色，然後用帶有酸味的小黃瓜醬汁搭配微溫的星鰻，做成這道供應於梅雨季到夏天時期的前菜。星鰻的香氣和鬆軟口感、小黃瓜的氣味和鮮嫩，以及梅子醬的酸甜、海苔的氣味……將所有元素集結成如其名般，簡單且平易近人的美妙滋味。

［餐點元素］

煎星鰻
小黃瓜醬汁
快速醃漬小黃瓜
梅子醬
海苔
蒔蘿

（詳細食譜→ P.235）

- 在星鰻魚排的皮上淋熱水，去除黏液。將魚排緊密地擺放在淺盤中，壓上重物蒸熟。星鰻會因為本身的膠質而黏成一整片（ph.1）。以慕斯圈切成圓形，用廚房紙巾去除水分（ph.2）。
- 用倒入橄欖油的平底鍋煎星鰻的皮。為避免星鰻反捲，要利用鍋蓋的重量壓住，煎成金黃色（ph.3-4）。在肉上面撒鹽巴，放在廚房紙巾上瀝乾油分（ph.5）。
- 〈醬汁〉將隨意切塊的小黃瓜，和白酒醋、少量糖漿（為了去除菜腥味）一起用攪拌器攪打。最後在攪打的同時，加入檸檬香草油（ph.6）。

［重點］ **溫熱的星鰻、冰涼的醬汁，**
近乎生食的醃漬小黃瓜口感……是一道發揮對比性的料理。

黑鮑魚與黑松露

這道料理是源於「想要將日式料理蒸鮑魚的美味帶入法式料理中」的想法。我想起以前學藝時，主廚曾告訴我黑松露和鮑魚很搭，於是便開始摸索搭配方式，最後終於想出這個「用松露糯米粉油炸」的手法。在松露香氣的包圍下，利用糯米粉的酥脆感，來突顯蒸鮑魚特有的Q彈肉質。

[餐點元素]

松露糯米粉炸蒸鮑魚
鮑魚肉汁奶油醬汁
松露菊芋奶油霜
菊芋脆片
松露片

（詳細食譜→P.236）

- 鮑魚是以日式料理的方法蒸熟鮑魚。淋上日本酒，蓋上昆布後用保鮮膜包起來，放入蒸罐中蒸6小時（ph.1）。
- 將松露的皮和碎屑、鹽巴放入食物調理機攪打（ph.2）。接著混入松露油，加入糯米粉與竹炭粉（ph.3）。將蒸鮑魚沾上蛋白，裹上2次松露糯米粉，下鍋油炸（ph.4-7）。
- 熬煮蒸汁，加入鮮奶油、奶油做成醬汁。
- 在菊芋泥中加入鮮奶油與切碎的松露（ph.8）。

[重點] **糯米粉熟得很快，因此能夠在鮑魚內部升溫的同時，炸出酥脆的表面。**

褐石斑魚佐大蒜鯷魚醬

富含脂肪和膠質的褐石斑魚，其鮮美很適合當成主菜，我一年到頭都會用褐石斑魚來做各式各樣不同的呈現。烹調方式是用鐵板煎，將厚實的皮面煎到酥脆，以強調和鬆軟魚肉的美味對比性。然後佐以鯷魚風味的醬汁和沙丁魚清湯，做成這道適合夏天享用的料理。橄欖醬的堅果顆粒感是亮點所在。

［餐點元素］

鐵板煎褐石斑魚
鯷魚風味醬汁
顆粒橄欖醬
炸褐石斑魚鱗
茴香沙拉
糖漬檸檬皮
沙丁魚清湯

（詳細食譜→P.236）

- 褐石斑魚在冰溫下熟成10天～2週（2人份的切片=180g）。先用鐵板煎（ph.1）10分鐘將皮面煎得酥脆，再將兩側迅速煎過（ph.2）。移到明火烤爐，讓肉朝上烤到內部溫熱為止（ph.3）。最後再次用鐵板將皮煎脆（ph.4）。
- 〈醬汁〉將炒紅蔥頭、蘑菇跟鯷魚等，加入娜利普萊苦艾酒與白酒熬煮（ph.5）。加入沙丁魚清湯（ph.6）熬煮。加入鮮奶油，放入攪拌器攪打後過濾（ph.7）。和美乃滋混合。
- 〈顆粒橄欖醬〉將堅果類、酸豆與綠橄欖切成粗末混合（ph.8）。因為醬汁裡已經有鯷魚，所以這裡不加。

［重點］ **褐石斑魚放上鐵板後就不要移動，直到皮變得酥脆為止。**
用鐵板煎皮，用明火烤爐將肉烤熟。

鰆魚　海瓜子　海苔

新鮮的鰆魚要用高溫快速煎過，但如果有經過1週時間的熟成，溫度太高則會讓魚肉散開且容易乾柴，因此加熱時要格外小心。這裡的作法是利用鐵板穩定的火力慢慢地煎皮，肉則是利用明火烤爐來加熱。整道料理所要呈現的，是鰆魚與海藻之間纖細而和諧的關係。另外添上利用海瓜子高湯增添鮮味、最後加入海藻奶油提味的燉飯。

［餐點元素］

鐵板煎鰆魚
海瓜子風味燉飯
海瓜子肉汁泡泡
荷蘭芹油
糖漬小蕃茄
金柑泥

（詳細食譜→P.237）

- 將鰆魚裹滿鹽巴，靜置約90分鐘，水洗後裝進真空袋，在冰溫下熟成1週（ph.1）。
- 用鐵板煎鰆魚切片的皮面（ph.2）。等到皮煎得酥脆（約5分鐘），就移到明火烤爐上，讓肉朝上加熱到內部溫熱為止（ph.3）。最後再次用鐵板將皮煎脆（ph.4）。
- 〈肉汁泡泡〉以小火慢炒大蒜、紅蔥頭與西洋芹至出水（ph.5）。倒入白酒熬煮，再加入海瓜子的肉汁（ph.6）熬煮到剩下一半的量，然後加入鮮奶油煮沸後過濾湯汁（ph.7）。用手持攪拌棒打發起泡。
- 〈燉飯〉用海瓜子的肉汁將米煮成燉飯。加入帕達諾乳酪、菠菜、海藻奶油與石蓴海苔拌勻即可（ph.8）。

［重點］　**鰆魚是纖維很容易乾柴的魚，熟成後這種傾向會更加明顯，要格外注意加熱溫度。**

粉煎白帶魚

白帶魚只要裹粉煎就很美味，但是也容易因為過度加熱而導致肉質乾柴。因此我將白帶魚肉泥和扇貝肉泥做成的填餡捲成圓柱狀，先以低溫加熱後再煎。肉泥的水分會讓魚肉保持鬆軟，外側則是金黃焦香。佐以少量濃縮的紅酒醬汁和辛香佐料，為風味添加對比性。

［餐點元素］

白帶魚捲
四季豆泥
紅酒醬汁
行者大蒜油
焦糖洋蔥粉
四季豆沙拉

（詳細食譜→ P.237）

- 在白帶魚上撒點鹽巴，裝進真空袋，在冰溫下熟成3 ～ 4天（ph.1）。
- 切開後捲起填餡（在白帶魚和扇貝貝柱慕斯中混入香菇醬），用保鮮膜包起來，以60℃的熱水煮10分鐘（ph.2）。
- 出餐之前裹上低筋麵粉，用橄欖油和奶油來煎，再用明火烤爐加熱（ph.3-4）。這是切面的狀態（ph.5）。
- 〈醬汁〉熬煮紅蔥頭、馬德拉酒以及白酒，之後加入鮪魚乾紅酒醬汁繼續熬煮（ph.6-7）。
- 以小火慢炒洋蔥約2小時，直到呈現比焗烤洋蔥更深的色澤。薄薄地延展開來，再加以乾燥（ph.8）。用攪拌器打成粉末，當成辛香佐料使用。

［重點］ **藉由焦糖洋蔥粉來補足「粉煎料理的香氣」。**

第五章

—

［本多誠一／*ZURRIOLA*］

SEIICHI HONDA

ZURRIOLA

什麼加熱技法最適合眼前這條魚呢？
運用創造美味的思考力及千錘百鍊的技術，
創造出充滿原創性的
摩登西班牙海鮮料理。

南美擬沙丁魚Coca麵包

這是套餐的開胃菜、3種用手抓著享用的餐前小點之一。Coca麵包是加泰隆尼亞風的披薩。在作為基底的麵包中多加入一些水分，將其烤得又薄又脆，藉以突顯沙丁魚鬆軟的口感。順帶一提，「蓬鬆」和「酥脆」之間需要有滑順的「潤滑油」，才能讓對比顯得更加舒適且明快。而這裡的潤滑油就是烤茄子泥片。

［餐點元素］

醃漬南美擬沙丁魚
荷蘭芹Mojo醬
Coca麵糰（麵包）
烤茄子泥片
酸模

（詳細食譜→P.238）

- 剖開南美擬沙丁魚，用鹽巴醃15分鐘，再用以蘋果醋為基底的醃漬液醃5分鐘，之後淋上E.V.橄欖油靜置1晚（ph.1）。
- 去除魚背的背脊部分，切成長方形，在皮上劃入切痕（ph.2-3）。
- 塗上用義大利荷蘭芹、大蒜與橄欖油做成的Mojo醬（ph.4）。
- 使用新鮮酵母發酵而成的Coca麵糰（ph.5）。用抹刀薄薄地延展開來，塗上E.V.橄欖油（ph.6），撒上馬爾頓鹽。用160℃的烤箱烤10～15分鐘。
- 讓烤茄子泥凝固成片狀，然後切開（ph.7）。
- 在Coca麵包上擺放烤茄子泥片與酸模（ph.8）。如果放上整片的酸模，入口時因為會咬不斷而一直被拉出來，所以要切成小片。

［重點］ **沙丁魚醋漬後要淋上橄欖油靜置1晚，肉質才會變得蓬鬆。**

軟煮章魚
佐墨魚汁脆片與西班牙紅甜椒醬

開胃菜的關鍵在於質地。軟到令人吃驚的章魚和酥脆的脆片，兩者的對比不僅舒心，還能促進食慾。章魚的烹調祕訣，是透過反覆冷凍和解凍來破壞肌肉纖維，煮的時候則要緩緩地放入熱水中。為避免煮汁被稀釋，要使用不會過大的鍋子（因為冷卻時，煮汁的鮮味會回到章魚裡）。脆片只有1片的話感覺會缺乏口感，所以我將2片重疊起來。

［餐點元素］

水煮章魚
墨魚汁脆片
西班牙紅甜椒醬
酢漿草

（詳細食譜→P.238）

- 章魚用太白粉和鹽巴揉搓、處理乾淨後，冷凍3天→在低溫的冷藏室慢慢解凍→再冷凍3天→冷藏室解凍（ph.1）。只使用章魚腳。
- 在鍋中將水煮沸。抓起章魚，只將尾端浸在熱水中放入10秒後拉起來；稍待片刻等熱水沸騰了，就浸泡到腳的中段停留10秒後撈起；接著將整個章魚腳放進去，停留10秒（ph.2-4）。最後一次把章魚放進去後，蓋上鍋蓋煮45分鐘。讓章魚浸泡其中直到冷卻（ph.5）。
- 墨魚汁脆片要用尺寸不同的湯勺夾住，以200℃的油來炸（ph.6）。在脆片上撒鹽巴，擠上西班牙紅甜椒醬，疊成2層後放上章魚圓片（ph.7-8），添上帶酸味的酢漿草。

［重點］ **章魚的煮法：為避免皮破掉，要從尾端開始一點點地放入熱水中。**

油炸鱈魚泥

一般人常會認為鱈魚泥（Brandada）是一種裡面有馬鈴薯泥的食物，但其實傳統的鱈魚泥是利用鹽醃鱈魚的豐富膠質，以蒜油乳化而成的料理。鹽醃鱈魚在舌頭上的觸感和香氣才是主角，馬鈴薯不過是選擇性配角罷了。這道菜是為了做成套餐中的餐前小點，而將傳統鱈魚泥改成以一口大小的炸物形式呈現。

［餐點元素］

油炸鱈魚泥
檸檬大蒜蛋黃醬

（詳細食譜→P.239）

- 將去鹽的鹽醃鱈魚連皮切塊（ph.1）。放入鍋中，注入剛好淹過食材的水量，以小火加熱（ph.2）。同時用其他鍋子製作蒜油。等到煮鱈魚的水溫達到54℃就加以過濾（ph.3）。用手撕開肉，去皮。
- 用攪拌器攪打鹽醃鱈魚和蒜油，使其乳化（ph.4）。加入少許鮮奶油，以鹽巴調味後，倒入直徑3㎝的半球型模具中（ph.5）冷凍。
- 將油炸麵糊置於溫暖處發酵（ph.6）。
- 將牙籤插入冷凍好的半球，裹上低筋麵粉、沾取麵糊，放入200℃的E.V.橄欖油中。等到麵糊炸出漂亮的麵衣就放手油炸（ph.7-8）。

［重點］　**鱈魚泥要以低溫慢慢加熱。纖維一旦超過54℃就會硬化。**

油封鮟鱇魚肝
佐馬蜂橙蛋白霜

使用產自北海道余市的鮟鱇魚肝。由於這是道將食材風味直接呈現出來的料理，因此事前處理非常重要，必須確實把血放乾淨。油封的時候，為避免溫度一下子上升導致肉變得乾柴，需要回復到常溫階段再讓溫度慢慢上升，最終維持80℃持續加熱。擺盤方式是仿效壽司，米飯部分則是馬蜂橙蛋白霜。裡面因為加入了愛素糖（Isomalt），因此兼具堅硬和酥鬆2種口感。

［餐點元素］

油封鮟鱇魚肝
馬蜂橙蛋白霜
焦糖白芝麻

（詳細食譜→ P.239）

- 將鮟鱇魚肝泡在45℃的流水中5分鐘（ph.1）。剝掉薄皮（ph.2），用兩手夾住擠壓（ph.3），等到血浮出來就用熱水沖洗乾淨。反覆處理到即使按壓也沒有血冒出來為止。
- 將油封用的材料和鮟鱇魚肝放入Vermicular Ricepot電子鍋中（ph.4）。蓋上以烘焙紙做成的落蓋加熱，等達到60℃便將鮟鱇魚肝上下翻面，再以80℃加熱20分鐘。
- 直接泡在液體中放涼，然後取出來切成容易入口的大小（ph.5-6）。
- 萃取出馬蜂橙葉的香氣（ph.7），用此液體和砂糖、愛素糖與蛋白製作義式蛋白霜，擠成圓形後（ph.8），低溫烘烤至乾燥。

［重點］ **在事前處理鮟鱇魚肝時，要先浸泡在溫熱的流水中，以便放血。**

螃蟹舒芙蕾

西班牙巴斯克語的螃蟹稱為Txangurro，在當地有種料理十分普遍，是將混合蕃茄風味醬汁的麵包蟹（普通黃道蟹）蟹肉和蟹膏放進殼中用烤箱烘烤；而我則是將其當成舒芙蕾的內餡，做成這道開胃菜。以碳酸氣體氣壓瓶做出輕盈的麵糊，再使用慕斯圈和冰塊在鐵板上燜煎。上方蓬鬆柔軟，中央呈慕斯狀，底部則是酥脆的狀態。

［餐點元素］

燉毛蟹
舒芙蕾麵糊
美乃滋

（詳細食譜→P.240）

- 加熱焦糖洋蔥（ph.1），淋上白蘭地點燃，然後加入梭子蟹魚湯（ph.2）和蕃茄醬汁。放入撕開的毛蟹蟹肉和蟹膏稍微煮過，再用麵包粉調整濃度（ph.3-4），以鹽巴調味後放涼。
- 將內側貼上烘焙紙的慕絲圈（直徑4㎝、高3.5㎝）放在鐵板上，裡面滴入E.V.橄欖油。用裝上碳酸氣體瓶的虹吸氣壓瓶，擠出舒芙蕾麵糊直到慕絲圈高度的1/3（ph.5）。
- 放入燉毛蟹，再用舒芙蕾麵糊覆蓋（ph.6-7）。
- 在慕斯圈旁邊放1個冰塊，再蓋上鐘形罩（ph.8），利用冰塊的蒸氣燜煎3分鐘～3分半。

［重點］ **燉螃蟹的風味濃郁，舒芙蕾則是味道清雅。**

螢火魷與焦糖洋蔥布丁
佐炭烤洋蔥清湯

這道菜是從以焦糖洋蔥醬汁做成的巴斯克料理「佩拉約風小烏賊」變化而來。將（模擬炭烤）烤過的洋蔥用低溫烤箱加熱6小時，製作出鮮味十足的湯汁（「清湯」）。讓用焦糖色洋蔥和雞清湯做成的蛋奶醬，和快速煮過再用噴槍炙燒的螢火魷結合在一起。烏賊的香氣和烤洋蔥帶有煙燻感的甜味，交織出深沉和諧的滋味。

［餐點元素］

炙燒螢火魷
焦糖洋蔥布丁
烤洋蔥清湯
糖漬小蕃茄
烘烤核桃

（詳細食譜→P.240）

- 切掉洋蔥的上下兩端，用刀子在上面劃出十字切痕，薄薄地塗上E.V.橄欖油，然後將那面朝下放在烤盤上烤（ph.1）。過程中要將洋蔥轉向90度，烤出格子狀的烤痕，之後翻面（ph.2）烤對側面。
- 擺放在耐熱容器中，包上保鮮膜，戳幾個洞用來排出蒸氣（ph.3），以115℃的烤箱加熱6小時（ph.4）。這樣就能製作出帶有煙燻風味且十分鮮美的「清湯」。
- 使用產自富山的螢火魷。迅速煮過（ph.5）再用噴槍炙燒（ph.6）。
- 將洋蔥和水一起慢慢熬煮到變成焦糖色，把焦糖洋蔥和雞清湯、牛奶、全蛋一起做成蛋奶液，然後倒進盤中（ph.7）蒸。
- 放上核桃和糖漬小蕃茄，淋上烤洋蔥清湯（ph.8）。

［重點］ 洋蔥要確實烤出焦痕，
再透過長時間的低溫加熱萃取出精華。

長槍烏賊鑲血腸
佐濃郁墨魚醬汁

將加泰隆尼亞風的帶血香腸「血腸」塞進烏賊裡，然後覆蓋上濃郁且濃稠的墨魚醬汁。我一般都是以素材為出發點來進行料理的發想，不過這次我是先在腦中浮現皇家燜野兔（在野兔體內塞進內臟或肥肝等燉煮的料理）的「海鮮版」畫面，才構想出這一道前菜。

［餐點元素］

填餡長槍烏賊
墨魚醬汁
生海膽

（詳細食譜→P.241）

- 長槍烏賊在填餡之前要先用鐵板快速煎過，以防止縮小。塞進血腸後切成圓片（ph.1），讓其中一面沾上粗粒杜蘭小麥粉。
- 在鐵板鋪上烘焙紙，再倒入E.V.橄欖油，將沾上粗粒杜蘭小麥粉的那面朝下放上去（ph.2），煎到一定程度就翻面。由於用鐵板一直煎到熟烏賊會縮小，因此最後要改用明火烤爐加熱（ph.3）。
- 〈醬汁〉用熱好的鍋子將烏賊的邊材迅速炒過（ph.4）。加入用攪拌器打過的蔬菜和雪莉酒等（ph.5），煮約20分鐘後混入墨汁泥，再加入熱水、米飯，煮約15分鐘（ph.6-7）。加以過濾後，以木薯澱粉勾芡（ph.8）。

［重點］ **為避免烏賊縮小，填餡之前要先用鐵板快速煎過。**

炭烤鰹魚

仿效藁燒的作法，在炭火上以葡萄樹枝來燒烤鰹魚。鰹魚要事先切除「突起」部分。這是模仿日式料理主廚友人的手法，減少肉在分量上的占比更能突顯皮的香氣。搭配煙燻洋蔥的奶油醬汁、用帶有辣味的醋漬綠辣椒（西班牙納瓦拉生產的綠色辣椒）製成的辛辣醬汁，以及洋蔥和綠辣椒的辛香佐料一起品嘗。

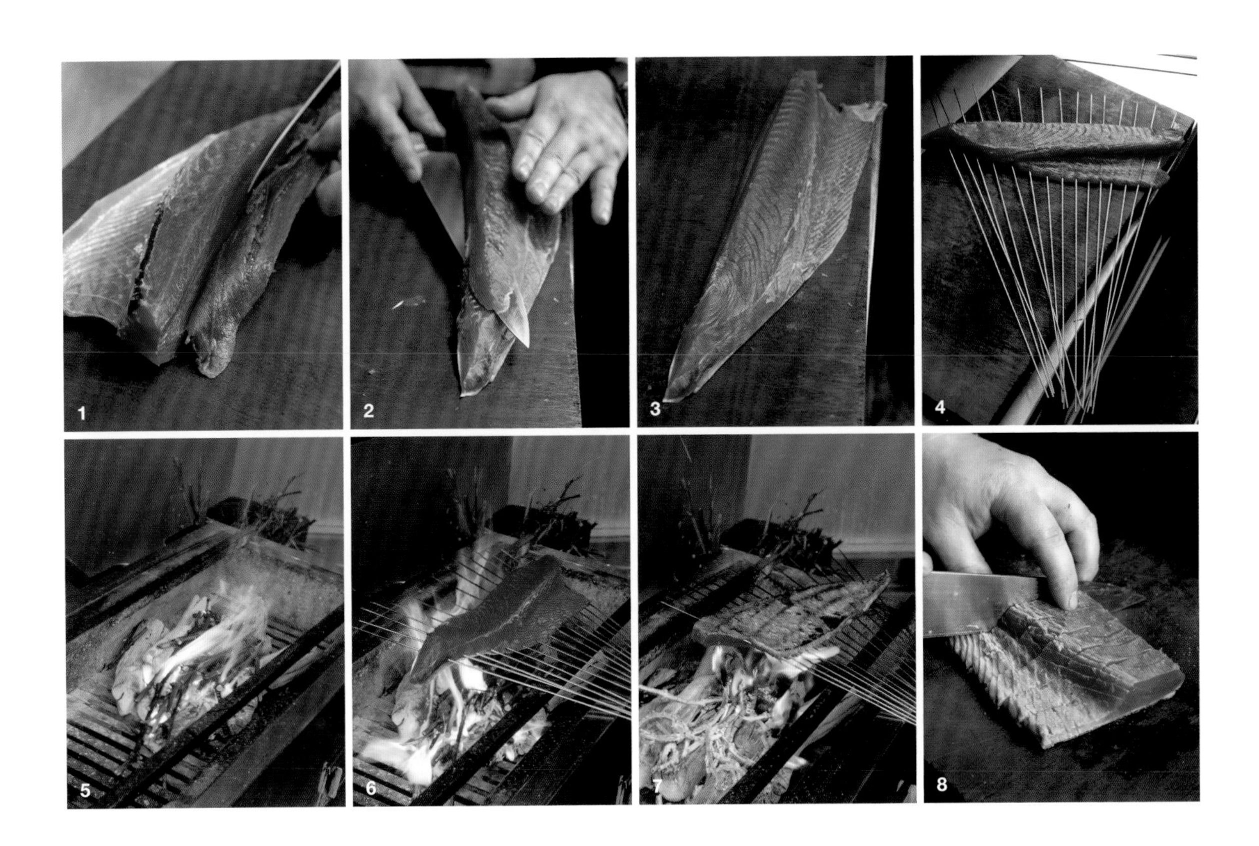

［餐點元素］

炭烤鰹魚
煙燻洋蔥醬汁
醋漬綠辣椒醬汁
洋蔥和綠辣椒的辛香佐料

（詳細食譜→P.241）

- 將鰹魚切成3片，修成塊狀。去除血合肉（ph.1）。切下魚排突起的部分，使其平坦（ph.2-3）。帶有油脂的金三角部位要留下來。串上鐵籤（ph.4）、撒上鹽巴。
- 使用葡萄樹枝來取代「藁燒鰹魚」的稻草。將樹枝放在炭床上點燃，放上鰹魚，先將皮面烤約50秒後翻面，稍微燒烤魚肉（ph.5-7）。
- 將皮面朝下移到砧板上，拔掉鐵籤，分切成厚薄適中的1.5㎝寬度（ph.8）。

［重點］ 將葡萄樹枝擺在備長炭上，升火炙燒鰹魚。

熟成螯龍蝦

我認為「烹調成半熟狀態的藍螯龍蝦」最能展現螯龍蝦的美味，於是利用「熟成」做出這道料理。在西班牙主廚的研究結果中，有種熟成方式是將魚埋進鹽巴之中，而這次我就是應用此方法。用萊姆鹽包覆螯龍蝦稍微靜置後，和岩鹽塊一起放入箱中，在恆溫高濕櫃內熟成。最後用噴槍稍微炙燒，增添香氣。

[餐點元素]

熟成螯龍蝦
冷製螯龍蝦清湯
迷你羅勒

（詳細食譜→ P.242）

- 汆燙螯龍蝦約40秒，將肉從殼中取出。將混入萊姆皮屑的粗鹽鋪在淺盤上，放上白布、擺上螯龍蝦（ph.1），再覆蓋上白布和鹽巴（ph.2）。放入冰箱冷藏45分鐘，再從鹽巴中取出螯龍蝦。
- 在保麗龍箱中放入喜馬拉雅岩鹽塊，放上網子（ph.3）。擺上螯龍蝦（ph.4），在恆溫高濕櫃（濕度80%、3℃以下）中熟成1晚。
- 〈清湯〉將切塊的螯龍蝦頭（ph.5）和等量的昆布水放進攪拌器攪打，裝進真空袋以90℃的蒸氣烘烤爐加熱15～25分鐘（ph.6），再以白布過濾（ph.7）。加入分量10%的蛋白和少許鹽巴去除雜質（ph.8）。用加厚款的廚房紙巾過濾後冷卻。

[重點] **用純淨的清湯搭配經過熟成的螯龍蝦，營造出水嫩的口感。**

Amontillado雪莉酒蒸牡丹蝦
佐牡丹蝦與紅椒肉醬腸醬汁

牡丹蝦經過加熱會比生食來得更美味。因此我利用Amontillado雪莉酒（熟成型的雪莉酒）的蒸氣來蒸牡丹蝦，使酒香沾附其上，同時讓蝦子純淨的滋味和口感發揮出來。醬汁則是在以牡丹蝦頭熬製的高湯中加入自製紅椒肉醬腸（Sobrasada，西班牙馬略卡島特產的肉醬香腸），創造出獨特的風味。

［餐點元素］

蒸牡丹蝦
牡丹蝦與紅椒肉醬腸醬汁
白蘆筍
綠橄欖
椰子水泡泡

（詳細食譜→P.242）

- 剝掉牡丹蝦的殼（ph.1），串上竹籤讓蝦子保持筆直。
- 在已經開火的蒸籠底部倒入Amontillado雪莉酒加熱（ph.2）。
- 裝上網子，放上牡丹蝦，蓋上鍋蓋蒸2分鐘（ph.3-4）。
- 自製由豬肉和油脂、紅椒粉等製成的紅椒肉醬腸（Sobrasada，ph.5）。除了直接食用外，也可以像味噌一樣當成調味料來增添濃郁風味。
- 〈香腸醬汁〉煮沸用牡丹蝦頭、焦糖洋蔥與雪莉酒做成的高湯，混入弄散的紅椒肉醬腸（ph.6）。加入E.V.橄欖油，用手持攪拌棒使其乳化，過濾後（ph.7-8）以鹽巴調味。

［重點］ **以雪莉酒的蒸氣加熱，帶出牡丹蝦的鮮甜滋味。**

豬背脂香螯蝦
佐溫油醋醬

用鹽醃豬背脂包覆日本後海螯蝦並靜置，能夠使其帶有豬油的香甜氣味，同時肉也會產生黏滑感。溫油醋醬的作法，是在以新鮮蝦頭和豬肉製成的純淨高湯中加入帶有酸味的雪莉醋。由於蝦頭邊炒邊搗碎會出水，使得鍋內溫度下降，進而產生腥味，因此要先切成小塊再炒。加入經過加熱的礦泉水也是一大重點。

［餐點元素］

豬背脂香螯蝦
溫油醋醬
蝦子美乃滋
古斯米
馬鈴薯泥

（詳細食譜→P.242）

- 去掉日本後海螯蝦的頭和殼，放在淺盤上用鹽醃豬背脂覆蓋全體，在冰箱冷藏室靜置1晚（ph.1）。出餐之前用230℃的烤箱加熱2～3分鐘。
- 〈溫油醋醬〉將豬頸肉切丁（ph.2），炒到稍微上色後加入韭蔥和鷹爪辣椒拌炒（ph.3）。倒入雪莉醋和雪莉酒，煮到酒精揮發（ph.4）。混合日本後海螯蝦的頭和E.V.橄欖油，用其他鍋子炒（ph.5）。在鍋中加入豬肉和蔬菜、倒入熱水（ph.6），放入香草束、米與鹽巴，煮滾後撈除浮沫（ph.7）。在沸騰狀態下煮15分鐘。依序用大篩孔和小篩孔的圓錐形漏勺過濾（ph.8）。

［重點］ **蝦子高湯的關鍵在於炒蝦頭的方式。**
用充分加熱的鍋子迅速拌炒，並且盡量不搗碎蝦頭。

炭烤鰻魚與海鮮飯

海鮮飯是西班牙瓦倫西亞地區的當地料理，是一種用海鮮湯炊煮、沒有配料的鐵鍋飯。這裡則是將炭烤鰻魚和用鰻魚高湯炊煮的鐵鍋飯混合，做成一道前菜。高湯中除了有鰻魚骨，還加入了真鯛魚骨、豬肋排、雞翅，以及鷹嘴豆、西班牙紅椒乾等西班牙風味的食材。

［餐點元素］

炭烤鰻魚
海鮮飯
甘長辣椒

（詳細食譜→P.243）

- 串鰻魚。用好幾支鐵籤串入整片皮面。撒上鹽巴，在魚肉面塗上醃漬液（P.199）（ph.1）。
- 一開始先烤皮面，中途開始要不時邊烤邊翻面（ph.2）。
- 用烤箱烤豬肋排和雞翅（ph.3）。也用烤箱烤真鯛魚骨；鰻魚的頭和大骨則用炭火來烤。加入炒蔬菜、大蒜、淨水、蕃茄、鷹嘴豆與西班牙紅椒乾熬煮，製作出高湯（ph.4）。
- 炒義式蔬菜調味醬、紅椒粉、蕃紅花、蕃茄泥與米飯（ph.5）。米要選用具吸水力，且不易變得黏稠的西班牙Bomba米。倒入高湯熬煮（ph.6-7）。煮好之後會呈現幾乎沒有水分、可以看見鍋底的「乾脆（Arroz seco）」狀態（ph.8）。

［重點］ **讓米飯吸收多層次的鮮味，作為鰻魚的醬汁。**

鐵板燒金線魚
佐蕃紅花清湯、
櫛瓜花鑲鹽醃豬五花與劍尖槍魷

金線魚最好吃的大小是250 ～ 400g，可是因為肉很薄，加熱後容易變得乾柴。因此，我將2片較小的金線魚排重疊起來增加厚度，先以低溫稍微隔水加熱，最後再用鐵板加熱。佐以清爽的金線魚清湯來突顯其纖細風味，同時利用內臟糊來增添醇厚感。

［餐點元素］

鐵板燒金線魚
櫛瓜花鑲劍尖槍魷
金線魚與蕃紅花清湯
金線魚內臟糊
醋橘風味泡泡

（詳細食譜→P.244）

- 將金線魚切成3片，撒上大量鹽巴。由於靜置約5分鐘後表面會變黏，這時就可以將2片貼合成原本的形狀，然後塗上E.V.橄欖油，裝進真空袋。加熱之前要從冰箱拿出來回復至常溫。
- 以62℃隔水加熱4 ～ 5分鐘（ph.1），取出來靜置約2分鐘。
- 在鐵板上鋪烘焙紙，倒入E.V.橄欖油，放上金線魚（ph.2）。煎將近1分半鐘後，提起烘焙紙的單側翻面（ph.3），煎1分鐘。
- 連同烘焙紙移動到砧板上切塊（ph.4）。
- 炒劍尖槍魷（ph.5），混入用蔬菜和鹽醃豬五花炒成的泥（ph.6），並以蛋液和麵包粉使其聚合。填入櫛瓜花中蒸熟（ph.7-8）。

［重點］ **金線魚的皮易受損，所以要用烘焙紙避免直接接觸鐵板。**

炭烤五島列島產野生褐石斑魚

像褐石斑魚這種石斑魚科的大型魚，如果加熱得不夠徹底，料理的魅力就會減半。因此要切成大塊，花時間用炭火慢慢烤熟，這樣鮮味才會被完整釋放出來。從開始烤的1小時前起，塗上醃漬液使其回復至常溫；烤完以後則要靜置，讓肉汁穩定下來——作法和烤肉相同。搭配上少許配菜，讓客人盡情享受褐石斑魚的美味。

［餐點元素］

炭烤褐石斑魚
黑蒜泥
葉菜束

（詳細食譜→P.244）

- 將靜置超過5天的褐石斑魚切成2人份以上的大小，串上鐵籤，噴上能使肉質鬆軟的海水（ph.1-2），在常溫下靜置片刻。
- 醃漬液（ph.3）的作法是將蕃茄泥熬煮到剩下一半的量，然後和烤麵包、紅椒粉跟E.V.橄欖油等一起用攪拌器攪打。抹在褐石斑魚上，在常溫下靜置約1小時，要烤的5～10分鐘前置於炭床旁邊（ph.4-5）。
- 移動到炭火上方開始烤。適時上下翻面，讓熟度一致，以免水分流失。塗上追加的醃漬液（ph.6）。
- 等到鐵籤可以輕易穿過，就表示連內部也烤熟了（ph.7），之後靜置片刻。呈現表面酥香，內部為烤熟的多汁狀態（ph.8）。

［重點］ **從開始烤的1小時前起，抹上醬汁使其回復至常溫。**

北海道喜知次魚湯

喜知次魚（正式名稱為大翅鮶鮋）的肉質富含脂肪，很適合用炭火一邊慢慢烤，一邊讓油脂滴落下來。這次的魚湯，指的是一種用魚高湯來煮馬鈴薯的加泰隆尼亞料理。而在這道料理中，我是以喜知次魚的魚骨作為基底，加入焦糖洋蔥、蕃茄、大蒜與雪莉酒，製作出風味醇厚的魚高湯，然後做成醬汁。傳統作法是加入馬鈴薯，不過我將其替換成烤茄子泥和菊芋泥。

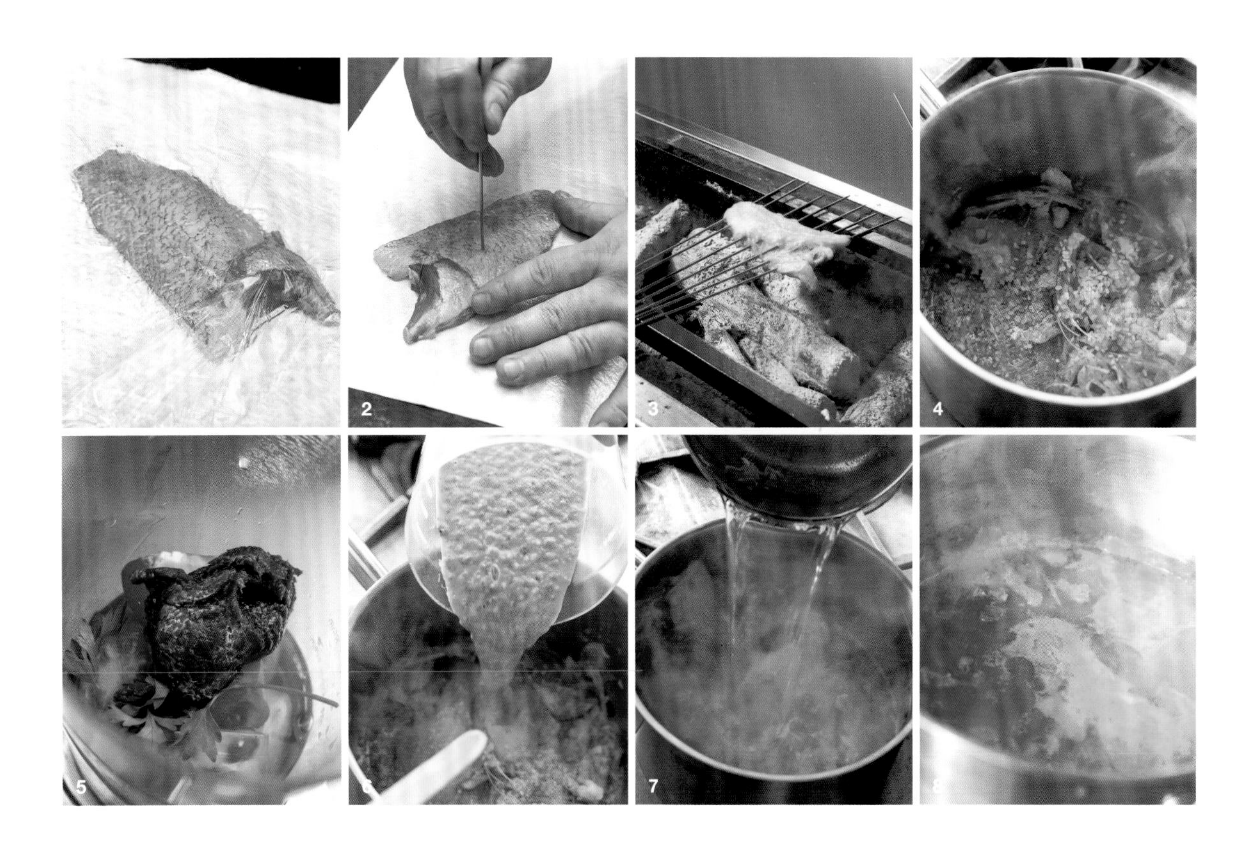

［餐點元素］

炭烤喜知次魚
喜知次魚湯
烤茄子泥
煙燻菊芋泥
綜合嫩葉生菜

（詳細食譜→ P.245）

- 將喜知次魚切成魚排，在皮面放上脫水膜，靜置半天（ph.1）。
- 拿掉脫水膜，用鐵籤在整面皮上到處戳洞（ph.2）。如此可預防魚肉縮小，而且油脂會容易滴落、方便去骨。
- 串上鐵籤，讓皮面朝下放在炭床旁邊片刻，等到表面乾燥，再移到炭火上烤約2分鐘（ph.3），接著翻面烤魚肉10～15秒。烤好後在皮上撒馬爾頓鹽。
- 〈高湯〉炒喜知次魚的頭部和骨頭，加入米（為了製造光澤和濃度，ph.4）。用手持攪拌棒將焦糖洋蔥、蕃茄、大蒜、義大利荷蘭芹與雪莉酒打成泥後加入（ph.5-6），接著倒入熱水煮（ph.7-8）。

［重點］ **邊烤邊讓皮下厚實的脂肪滴落，**
讓魚肉沾附滴落油脂產生的煙燻香氣。

立鱗燒馬頭魚
佐咖哩風味的巴斯克蘋果酒醬汁

馬頭魚就是要有酥脆的鱗片才好吃。去除多餘水分，淋上熱油讓鱗片立起來，但因為光是如此魚肉熟度還不夠，所以必須再以炭火加熱，烤成一下刀就能輕易切開的狀態。馬頭魚給人很適合做成異國風味的印象，因此搭配的是以巴斯克蘋果酒、青蘋果與咖哩粉做成的醬汁。

［餐點元素］

立鱗燒馬頭魚
咖哩風味巴斯克蘋果酒醬汁
檸檬薑風味泡泡
綠蘆筍緞帶

（詳細食譜→ P.245）

- 將馬頭魚切成魚排，用脫水膜夾住，靜置4～5小時。串上鐵籤，在兩面噴上海水（ph.1）。這麼做能讓魚肉鬆軟，鱗片也容易立起來。
- 包上保鮮膜靜置1小時，使海水滲入（ph.2）。
- 將加熱到200℃的油淋在鱗片上數次，使鱗片立起（ph.3）。
- 讓鱗片側朝下放在炭床上（ph.4），烤約4分鐘，過程中要在鱗片側噴2次魚醬（ph.5），以提升香氣。翻面烤肉1分鐘，然後切塊（ph.6）。在鱗片側撒上馬爾頓鹽。
- 〈醬汁〉炒油漬紅蔥頭和青蘋果，加入咖哩粉、蘋果酒與魚高湯一起煮（ph.7）。加入鮮奶油和奶油，用攪拌器攪打後過濾（ph.8）。

［重點］ **脫水→鹽水→淋油→用炭火＋魚醬帶出鱗片的香氣。**

RECIPES

[全食譜集]

鹽辛鯷魚與甘薯塔

（彩頁 P.022-023）

—

料理的組成

自製鹽辛鯷魚
奶油（澤西牛奶製）
甘薯
甘薯粉塔
- 甘薯粉…150g
- 低筋麵粉…50g
- 奶油
- 全蛋…1顆

小魚乾粉
小魚乾

❶ 將用木桶熟成的鹽辛日本鯷魚處理乾淨，做成魚片，再用菜刀剁碎。
❷ 將奶油回軟至膏狀，混入①。
❸ 蒸甘薯，搗散。
❹ 在盲烤過的塔殼中放入③，抹上②。
❺ 在表面撒上大量小魚乾粉（用研磨機將鯷魚打成粉）。
❻ 放上小魚乾。

宛如漣漪
～石頭魚米飯沙拉～

（彩頁 P.024-025）

—

石頭魚的事前處理

❶ 對石頭魚的要害進行活締處理，去除魚鰭、內臟，切掉魚頭。魚肝則要保留備用。破壞神經後剝皮。水洗再用紙擦乾水分。於冰箱冷藏10分鐘。
❷ 將魚肉切成3片，去除橫膈膜。將魚片泡在3％的鹽水（在湧泉中加入粗鹽）中數秒後撈起，用加厚款廚房紙巾擦乾。放在竹簍裡，於冰箱冷藏靜置2小時。

料理的組成(1人份)

石頭魚…切4～5片
焙煎芝麻油（島原本多木蠟）…適量
鯷魚醬（Yamajyo）…適量
水煮米…1大匙
醋漬連葉洋蔥…1/2小匙
馬糞海膽…3片
昆布水…適量
乳化劑（Sucro Emul）
…昆布水分量的0.1％

❶ 將石頭魚削切成片。
❷ 混合焙煎芝麻油和鯷魚醬（比例為5：1），分別和石頭魚的魚肉和魚肝攪拌。
❸ 在昆布水中加入乳化劑，用手持攪拌棒打發起泡，靜置1分鐘使其融合。
❹ 在水煮米（用加入檸檬汁和橄欖油的熱水煮，水洗後瀝乾水分）中混入醋漬連葉洋蔥盛盤。放上馬糞海膽，疊上石頭魚的肝和肉，最後擺上③。

昆布水

在山裡的湧泉中加入昆布和鹽巴，以60℃煮2小時，然後過濾。

醋漬連葉洋蔥

混合柿醋和白酒醋煮滾，加入連葉洋蔥末後關火，靜置放涼以醃漬入味。

河豚「筑前炊」

（彩頁 P.026-027）

—

梨河豚的事前處理

❶ 對梨河豚的要害進行活締處理，去皮。破壞神經後水洗，用紙去除水分。
❷ 切成3片。切掉內側的橫膈膜，撕掉薄膜。擺放在竹簍裡撒上鹽巴，放進冰箱冷藏靜置約10分鐘。用3%的鹽水（湧泉、粗鹽）清洗，用加厚款廚房紙巾擦乾水分。

料理的組成

梨河豚…1人份1/2條
醃漬聖護院蘿蔔
日本文旦（剝散果肉）
蒜苗油
煎酒…約40ml

❶ 用毛刷在金屬網（先用炭床加熱一下）上抹油，擺放上梨河豚。在炭中放入稻草生火，梨河豚放在金屬網上炙燒5～10秒，讓肉帶有些許香氣。削切成片，撒上鹽巴。
❷ 將聖護院蘿蔔切成極薄的薄片，擺放在撒上鹽巴的盤中。淋上E.V.橄欖油、檸檬汁，醃漬幾分鐘。
❸ 將日本文旦盛入盤中，在周圍擺放河豚。放上②，滴上少量蒜苗油，倒入煎酒。

蒜苗油

混合等量的蒜苗與細蔥，加入適量橄欖油用攪拌器攪打，然後過濾。

煎酒

日本酒…400ml
日式梅干…1顆
昆布…1片

將材料放入鍋中混合，開火煮到酒精揮發便關火。

產自冬季田野
～菠菜與香螺～

（彩頁 P.028-029）

—

料理的組成

香螺（天狗螺）
日本菠菜
白芝麻油（壽之白胡麻油）
魚醬（五島之椿「五島醬」）
洋蔥麴
小魚乾高湯

❶ 用刀背在香螺殼上敲出洞，再用錐子伸進去切掉貝柱。從開口插住螺肉，旋轉拔出。去除螺蓋與外套膜（留下來另外製作高湯）。
❷ 將肉削切成片，再切成更薄的薄片。
❸ 迅速（3～4秒）用鹽水汆燙②，泡在冰水中。用加厚款廚房紙巾擦乾水分，拌入白芝麻油和魚醬。
❹ 迅速用鹽水汆燙日本菠菜，泡在冰水後擰乾。拌入白芝麻油和魚醬。
❺ 以1：1的比例混合洋蔥麴以及小魚乾高湯。
❻ 在盤中盛上菠菜，將螺肉放在周圍。另外用別的容器盛裝⑤，在客人面前淋上去。

洋蔥麴

讓洋蔥裹上米麴，熟成6個月後用攪拌器攪打。

蟹肉麵線

（彩頁 P.030-031）

—

料理的組成

梭子蟹
島原手延麵線
螃蟹醬汁
E.V.橄欖油與檸檬汁

❶ 對梭子蟹的要害進行活締處理，以熱鹽水燙過。稍微放涼後將肉剝下，取出蟹黃，撕開蟹肉。
❷ 麵線煮1分鐘，用冰水和流水冷卻。立刻用加厚款廚房紙巾包起來擰乾。
❸ 在螃蟹醬汁中加入E.V.橄欖油和檸檬汁攪拌，和②混合。
❹ 用鑷子夾起③，盛入盤中的慕絲圈內。放上蟹肉和蟹黃，混合E.V.橄欖油和檸檬汁淋上去。
❺ 取下慕斯圈，蓋上蟹殼。

螃蟹醬汁

梭子蟹殼…12個份
大蒜…6瓣
洋蔥（切薄片）…4顆
月桂葉…1片
白酒…200ml
水（山中湧泉）…適量
蕃紅花…1撮
蕃茄糊…2大匙

❶ 用橄欖油炒大蒜和洋蔥。加入蟹殼和月桂葉，炒的同時要確實攪拌。
❷ 待水分蒸發就加入白酒，煮到酒精蒸發，接著再加入剛好淹過食材的水量。等到煮滾了就撈除浮沫，加入蕃紅花、蕃茄糊煮約1小時後過濾。
❸ 熬煮出醇厚濃郁的風味。

牡蠣與紅蘿蔔

（彩頁 P.032-033）

—

煎牡蠣

❶ 打開牡蠣殼將肉取出，肉汁保留備用。
❷ 在牡蠣上裹蕎麥粉。充分加熱平底鍋，倒入橄欖油煎牡蠣。過程中要翻面數次，煎到兩面金黃即可取出。

紅蘿蔔泥

❶ 用奶油小火慢炒紅蘿蔔（黑田五寸紅蘿蔔）薄片，加入剛好淹過食材的牛奶熬煮。
❷ 用攪拌器攪打，過濾。

紅蘿蔔汁

用果汁機打紅蘿蔔（黑田五寸紅蘿蔔），以鹽巴調味。

牛奶泡泡

在澤西牛奶中加入牡蠣肉汁，放入鍋中加熱。用手持電動攪拌棒打發起泡。

最後步驟

在盤中盛入紅蘿蔔泥，放上煎牡蠣，倒入紅蘿蔔汁。在牡蠣周圍倒入牛奶泡泡。

明蝦義大利餃

（彩頁 P.034-035）

—

料理的組成（2人份）

明蝦…1條
一夜漬白菜（長崎白菜）…適量
洋蔥調味醬…1小匙
義大利餃麵糰…適量
　麵粉（南方之香）
　水
　粗粒杜蘭小麥粉（手粉）
生火腿清湯…250ml
香茸（乾燥）…2朵

❶ 用冰塊對活明蝦進行活締處理，之後去殼，蝦肉切細碎。
❷ 在①中混入約分量一半的醃白菜（在長崎白菜上裹滿鹽巴，靜置1天）末、洋蔥調味醬（用橄欖油炒洋蔥末直到變成焦糖色）。
❸ 用義大利麵製麵機擀開義大利餃麵糰（混合材料後靜置1晚），切成直徑為6㎝的圓形。放上②，捏成小帽子的形狀。
❹ 煮好③後放入湯杯中。
❺ 同時將生火腿清湯放入鍋中，加入香茸加熱，以鹽巴調味。再倒入杯中。

生火腿清湯

生火腿（參考P.210「fish & ham」）
剩下的邊材…400g
洋蔥…3顆
島原昆布…40㎝×2片
水…8L

❶ 混合材料，煮約2小時。
❷ 確認鮮味和鹹度，用網子過濾（生火腿的油要保留下來）。

烏賊與紅心蘿蔔

（彩頁 P.036-037）

—

醃漬真烏賊與炭烤烏賊腳

真烏賊的身體、鰭與腳
A［鹽麴醃大蒜*…1/2小匙
　 芥菜種子芥末醬**…1/3小匙
E.V.橄欖油…1大匙

*在蒜泥中混入鹽麴，使其熟成。
**將芥菜種子泡在水中發酵（膨脹），瀝乾後用白酒醋醃漬。

❶ 對真烏賊進行活締處理後剝皮，取下腳、鰭與內臟。用毛巾摩擦以去除身體表面的薄皮，然後用紙徹底擦乾水分。
❷ 烏賊對切，將肉削切成極薄的薄片。切成適當大小後放入調理盆中，加入A攪拌。
❸ 將烏賊腳切成一口大小；鰭要在表面劃入切痕。分別塗上橄欖油炭烤。

炸紅心蘿蔔

紅心蘿蔔
油炸麵糊
　紅米粉…20g
　高筋麵粉…100g
　速發酵母…1g
　水…120ml
氣泡水…適量
蕎麥粉（手粉）…適量
蘿蔔葉粉…適量

❶ 混合油炸麵糊的材料，蓋上布在常溫下靜置1小時發酵。加入適量氣泡水稀釋，冷卻備用。
❷ 紅心蘿蔔去皮，切成厚約7㎜的半圓形。沾上①油炸。
❸ 瀝乾油，撒上鹽巴和蘿蔔葉粉（用乾燥機烘乾蘿蔔葉後打成粉）。

最後步驟

島原草莓醬汁
- 島原草莓果汁…適量
- 日式黃芥末（溶於水）…適量

蒔蘿

❶ 在盤中放入炸紅心蘿蔔，放上醃漬烏賊，擺上蒔蘿。
❷ 添上炭烤烏賊腳跟島原草莓醬汁（在草莓果汁中加入日式黃芥末）。

海膽豆腐義大利餃

（彩頁 P.038-039）

—

料理的組成

豆腐腦
豆漿
紫海膽
芹菜
白芝麻油（壽之白胡麻油）
魚醬（五島醬）
昆布水（P.206）

❶ 將豆腐腦放在竹簍裡，靜置片刻瀝乾水分。和適量昆布水一起用攪拌器攪打，做成醬汁。
❷ 用熱鹽水煮芹菜，泡在冰水中冷卻，擰乾後切碎。和①混合，用白芝麻油和魚醬調味。
❸ 開火加熱豆漿，撈起表面的薄膜放入昆布水中。
❹ 攤開生豆皮，包入②和海膽盛盤。用鹽巴、白芝麻油調整①醬汁的味道，再淋上。

產自初夏田野
～剝皮魚與櫛瓜～

（彩頁 P.040-041）

—

料理的組成

剝皮魚的肉和肝
紫海膽
太白芝麻油
鯷魚醬（Yamajyo）
黃櫛瓜
- 檸檬汁
- E.V.橄欖油

醋漬洋蔥
鮮奶油（35%）
檸檬皮（削成屑）和汁
E.V.橄欖油
蒔蘿花

❶ 對剝皮魚進行活締處理，放血、破壞神經後切成3片。將肉削切成薄片，塗上太白芝麻油。
❷ 將剝皮魚的肝過篩壓成泥狀。視情況混入壓成泥狀過篩的紫海膽，以增添鮮味。在魚肝泥中加入魚醬。
❸ 在剝皮魚上塗抹②的肝醬汁。
❹ 用切片器將黃櫛瓜縱向削成片狀。擺放在撒好鹽巴的淺盤中，淋上檸檬汁、橄欖油稍微醃漬。
❺ 在盤中鋪入1片④的櫛瓜，擺放上③，放上醋漬洋蔥。覆蓋上1片櫛瓜，倒入加了鹽巴的鮮奶油，撒上檸檬皮和汁、E.V.橄欖油與蒔蘿花。

醋漬洋蔥

煮沸紅酒醋，加入洋蔥末後關火，直接靜置放涼以醃漬入味。

章魚花束

（彩頁 P.042-043）

—

章魚

章魚

A┌ 焙煎芝麻油（島原本多木蠟）
　└ 鯷魚醬（Yamajyo）

❶ 用魚叉刺入章魚的要害進行活締處理，清除內臟後用水清洗。仔細地裹上鹽巴，和剛好淹過章魚的水量一起用洗衣機轉動約15分鐘。

❷ 卸下腳，剝皮後一條條用保鮮膜包起來，冷凍2小時。

❸ 用熱鹽水汆燙有吸盤的皮20～30秒，泡冰水冷卻後去除水分。將吸盤一個個取下。

❹ 繼續煮皮5分鐘後冷卻再去除水分，浸泡在醋裡，之後切碎。

❺ 將冷凍過的章魚削切成極薄的薄片，和A拌勻。吸盤也要和A混合。

高麗菜與章魚皮沙拉

用鹽水燙高麗菜，之後用冰水冰鎮，瀝乾後切末。和洋蔥片（不泡水）、切碎的章魚皮混合，拌入白酒醋。

最後步驟

大蒜美乃滋
花（白蘿蔔、蒔蘿與芫荽等）
韭菜油
檸檬汁

❶ 在盤中擺上慕斯圈，填入沙拉、排入章魚。放上吸盤。將大蒜美乃滋（混合橄欖油或煙燻橄欖油、少量白酒醋與檸檬汁，和煮過的大蒜攪拌而成）擠成點狀，放上花。

❷ 在韭菜油（用攪拌器攪打韭菜和太白芝麻油後過濾）中加入檸檬汁，倒入盤中。

明蝦草木蒸

（彩頁 P.044-045）

—

料理的組成（1人份）

明蝦…1～2條
洋蔥調味醬…1小匙
櫛瓜花…1朵
E.V.橄欖油…適量
無花果葉和檸檬葉等…適量
煎櫛瓜（切圓片）…3片

❶ 用冰塊對明蝦進行活締處理，去掉頭和殼。肉切細碎後，和鹽巴、洋蔥調味醬（用橄欖油炒洋蔥末直到變成焦糖色）混合。

❷ 去除櫛瓜花的雄蕊和雌蕊，在花瓣中填入①。在表面淋上E.V.橄欖油。

❸ 在蒸籠中鋪滿無花果葉，擺放上②，包覆上無花果葉和檸檬葉等，蒸約10分鐘。

❹ 將③盛入湯盤，添上煎櫛瓜。在蝦高湯中加入蔥油，淋入盤中。

蝦高湯（6人份）

明蝦的頭和殼…12條份
水…500ml
胡椒、月桂葉…適量
洋蔥麴（P.207）

❶ 將取下的明蝦頭和殼，用180℃的烤箱烤30分鐘。

❷ 在鍋中煮沸熱水，放入①和月桂葉。待沸騰便撈除浮沫，煮約10分鐘。加入洋蔥麴和胡椒繼續煮並調味。用加厚款廚房紙巾過濾。

蔥油

混合切小丁的細蔥、橄欖油，用攪拌器攪打後過濾。

fish & ham

（彩頁 P.046-047）

—

海鰻的事前處理

❶ 切掉海鰻的頭，用70℃的熱水汆燙30秒後放入冰水中。剖開腹部清除內臟，快速水洗乾淨後用紙擦乾。

❷ 用紙包起來，放入冰箱冷藏靜置約1小時，讓肉緊實。

油炸麵糊

紅米粉…40g
高筋麵粉…100g
速發酵母…1g
水…150ml
氣泡水…適量

❶ 混合氣泡水之外的材料，在常溫下靜置1小時發酵。

❷ 使用時加入適量氣泡水，稀釋成滑順的狀態。

最後步驟

低筋麵粉
洋蔥（切薄片）
青紫蘇（切細絲）
紅酒醋
生火腿（以FUKUDOME SMALL FARM的14個月大Saddleback豬製成的風乾火腿）

❶ 將海鰻切成3片，取下鰭邊肉。斷骨後切成寬5㎝片狀。依序裹上低筋麵粉、油炸麵糊，再下鍋油炸。

❷ 洋蔥泡水後用廚房紙巾擦乾水分。和青紫蘇、紅酒醋、鹽巴與胡椒混合。

❸ 在盤中盛入②，放上2片①。用切片器將火腿削成極薄的薄片，蓋在炸海鰻上。

山與海 ~岩牡蠣~

(彩頁 P.048-049)

—

料理的組成(1人份)

岩牡蠣…1個
昆布水(P.206「宛如漣漪…」)…適量
卡門貝爾乳酪慕斯…隆起的1小匙
醋漬洋蔥…1小匙
昆布水泡泡

❶ 打開3年生的岩牡蠣殼，將肉取出，肉汁保留備用。
❷ (用微滾的熱水)迅速汆燙牡蠣肉。用網子撈起，泡在置於冰水上的昆布水中。
❸ 在盤中鋪入卡門貝爾乳酪慕斯，放上醋漬洋蔥(P.209)。擺上②，再蓋上昆布水泡泡。

卡門貝爾乳酪慕斯

玉名牧場，澤西牛奶製卡門貝爾乳酪(不使用表面的黴菌)…300g
鮮奶油(澤西牛，35%)…680g
吉利丁(用水泡發)…8g

❶ 加熱部分的鮮奶油來溶解吉利丁，然後混入卡門貝爾乳酪中。
❷ 在①中混入打發起泡的鮮奶油。

昆布水泡泡

昆布水(P.206)
檸檬汁…適量
乳化劑(Sucro Emul)

在昆布水中加入檸檬汁，接著加入整體分量0.1%的乳化劑，打發起泡。靜置1分鐘。

烏賊麵線

(彩頁 P.50-051)

—

料理的組成

虎斑烏賊
島原手延麵線
墨魚醬汁
橄欖油
山椒油
山椒嫩葉

❶ 對虎斑烏賊進行活締處理，劃1刀去殼。取下內臟和腳，水洗的同時剝皮。墨囊要保留備用。用紙徹底擦乾水分。
❷ 將肉切塊，去除薄皮。在表面劃出深度達肉一半、間隔約2㎜的格子狀切痕，然後切成約3㎝×1㎝的大小。在表面塗上橄欖油。
❸ 煮好麵線後泡在冰水中冷卻，然後用加厚款廚房紙巾包起來徹底瀝乾。拌入墨魚醬汁和E.V.橄欖油，使用慕斯圈盛盤。
❹ 在②的表面塗上橄欖油，用熱好油的平底鍋快速煎過，撒上鹽巴。擺在③上面，放上山椒油、山椒嫩葉。

墨魚醬汁

螃蟹醬汁(P.207)…100ml
墨囊…1/2個(依大小而定)

❶ 將螃蟹醬汁放入鍋中加熱，加入墨魚汁煮滾。
❷ 靜置放涼。

山椒油

❶ 將山椒果實水煮後倒掉湯汁。
❷ 將①放入加熱到180℃的太白芝麻油中，靜置放涼。

飯匙鯊

(彩頁 P.052-053)

—

料理的組成(1人份)

飯匙鯊(斑紋琵琶鱝)…適量
落葵…適量
煎酒(P.207)…40ml
牡蠣與麥味噌醬汁…1小匙
山椒醋…少量
蔥油…少量

❶ 切掉飯匙鯊的頭，去除內臟，破壞神經。水洗後用紙徹底擦乾。
❷ 沿著背骨切下2側的肉後去皮。切掉邊緣，將肉削切成片。
❸ 用冰水清洗讓肉緊實，然後用加厚款廚房擦乾水分。
❹ 用熱鹽水汆燙落葵幾秒鐘，之後泡在冰水裡再擰乾水分。切段。
❺ 將③和④盛盤，淋上煎酒。各滴上幾滴蔥油(P.210)、山椒醋(用白酒醋醃漬煮過的山椒果實)。添上牡蠣與麥味噌醬汁。

牡蠣與麥味噌醬汁

油漬煙燻牡蠣…3個
麥味噌…1大匙

混合油漬煙燻牡蠣(用橄欖油煮煙燻牡蠣，醃漬入味)和麥味噌，放入攪拌器攪打後用網子過濾。

［*pesceco*／井上稔浩］

舌鰨與油菜花

（彩頁 P.054-055）

—

煎舌鰨

❶ 對舌鰨進行活締處理，去掉頭和內臟，切掉尾巴。在身體的側面劃1刀，從這個切口將肉翻開，用剪刀將鰭邊肉連同小刺一起取下。卵則放回原位。
❷ 在①上撒鹽巴，靜置2～3小時。
❸ 水洗後用加厚款的廚房紙巾擦乾水分。
❹ 在熱好的平底鍋中倒入較多的橄欖油，放上③，一邊將油淋在舌鰨上一邊慢慢煎。約3分鐘後翻面，繼續煎3～4分鐘。放在紙上瀝油，切下上身肉，去掉骨頭。

海瓜子與西洋芹醬汁

❶ 將西洋芹薄片快速炒過，加入帶殼海瓜子與白酒，加熱到開殼為止，然後過濾湯汁。
❷ 放入鍋中加熱，加入葛粉勾芡。

油菜花

寒冬開花的油菜花
海瓜子與西洋芹醬汁

❶ 將寒冬開花的油菜花分成葉、莖與花。
❷ 在抹上橄欖油的平底鍋中擺放葉子，撒上鹽巴，一片片地確實煎出焦痕。
❸ 也用抹上橄欖油的平底鍋煎莖和花，加入海瓜子與西洋芹醬汁攪拌。

最後步驟

將舌鰨盛盤，添上油菜花的莖、花與葉。淋上檸檬汁、E.V.橄欖油，撒上日本柚子皮。添上醋漬油菜花根。

鮑魚

（彩頁 P.056-057）

—

料理的組成（2人份）

鮑魚…1個
日本酒…適量
奶油…約50g
生火腿清湯（P.208）…適量
葛粉…適量

❶ 用水（以棕刷刷洗）清洗帶殼鮑魚。剝下鮑魚肉。
❷ 在調理盆中放入日本酒、山中湧泉（比例為1：3），放入鮑魚。蓋上殼，用保鮮膜覆蓋住調理盆。以95℃的蒸氣烘烤爐加熱1小時，之後再以85℃加熱2～3小時。
❸ 等到內部也軟化便取出。取下肝。貝柱要趁熱在兩面劃入切痕，用大量奶油來煎。煎的時候要淋上焦化奶油泡泡，花3～4分鐘慢慢加熱。
❹ 同時在生火腿清湯中混入鮑魚蒸汁煮沸，然後用葛粉勾芡。
❺ 將鮑魚對切盛盤，在表面塗上④。添上同時煮好的燉煮豌豆與櫛瓜，撒上薄荷。
❻ 將鮑魚肝與黑蒜頭泥塑形成小小的橄欖球狀添上。

燉煮豌豆與櫛瓜

❶ 在鍋中放入豌豆，倒入剛好淹過豌豆的水，加入奶油與鹽巴來煮。
❷ 在此同時，用橄欖油煎切成圓片的黃櫛瓜。加到①的鍋子裡，快速煮過並以鹽巴調味。

鮑魚肝與黑蒜頭泥

混合蒸過的鮑魚肝與黑蒜頭，加入少量鮑魚蒸汁，放入攪拌器中攪打後過濾。

蕪菁與梭子蟹

（彩頁 P.060-061）

—

梭子蟹

梭子蟹
高湯凍
鰹魚高湯…200ml
白醬油…15ml
酒精揮發後的味醂…10ml
吉利丁…分量的1.5%
日本柚子汁

❶ 水煮梭子蟹20分鐘，稍微散熱。
❷ 蓋上毛巾，放入冰箱冷藏。撕開蟹肉。
❸ 和高湯凍（混合材料後冷藏）、日本柚子汁混合攪拌。

醃漬蕪菁

❶ 蕪菁去皮，對切後縱向切成3份，再切成2㎝見方的棒狀。斜切成蛇腹狀，然後切成3㎝的長度。撒上鹽巴，靜置幾分鐘。
❷ 瀝乾後加入醃漬醋、E.V.橄欖油、日本柚子汁與日本柚子皮（用鹽巴揉搓生的日本柚子皮）攪拌。

醃漬醋

白酒…280ml
白酒醋…180ml
砂糖…30g

混合材料後煮滾，靜置放涼。

穆斯林奶油蕪菁

❶ 蕪菁去皮後隨意切塊。放入鍋中並倒入剛好淹過蕪菁的水，加入米（蕪菁10%的分量）、鹽巴與砂糖煮40分鐘。用篩網過濾。
❷ 在①之中加入分量10%的馬斯卡彭乳酪，用攪拌器攪打，然後裝入虹吸器壓瓶中。

醬泡油菜花

快速氽燙油菜花後泡在冰水裡，之後擰乾。浸泡在高湯液（鰹魚高湯、淡口醬油與日本柚子汁）中。

小蕪菁切片

用切片器將小蕪菁切成極薄的薄片。

最後步驟

❶ 將醃漬蕪菁與醬泡油菜花盛盤，在蕪菁上放蟹肉。將穆斯林奶油擠在醬泡油菜花上。
❷ 放上小蕪菁切片包覆全體，撒上日本柚子皮屑。淋上醃漬蕪菁的汁與E.V.橄欖油，撒上酢漿草。

軟絲與根芹菜

（彩頁 P.062-063）

—

軟絲的事前處理

❶ 軟絲處理乾淨之後冷凍（為了軟化）。在半解凍的狀態之下削切成極薄的薄片。
❷ 將每片軟絲的邊緣重疊擺放，放入冷凍庫中（會黏成片狀）。再切成極細的條狀。

根芹菜奶油霜

根芹菜去皮，用分量剛好淹過的牛奶煮到軟化。用攪拌器打成泥，加入奶油與鹽巴加熱。

萊姆淋醬

萊姆汁…50ml
E.V.橄欖油…50ml
酒精揮發後的味醂…25ml
魚露…10ml
鹽巴…適量

最後步驟

塔殼（省略解說）
萊姆皮
薄荷花
山蘿蔔

在塔殼中擠入根芹菜奶油霜，放上軟絲10g，淋上萊姆淋醬。撒上萊姆皮屑，以薄荷花、山蘿蔔作為裝飾。

[*Restaurant Sola* ／吉武広樹]

牡蠣與白菜

（彩頁 P.064-065）

—

烤牡蠣與白菜

❶ 用180℃的烤箱烤牡蠣約2分鐘，直到肉變得緊實。之後整個淺盤立刻放入冰水之中，連同汁液一起冷卻。

❷ 將白菜一片片地擺放在調理容器內，撒上橄欖油、迷迭香與鹽巴。蓋上蓋子，用200℃的蒸氣烘烤爐加熱（蒸）7分鐘。

❸ 將約10片的②和迷迭香葉交錯疊放，疊成千層派狀。切成約2㎝×3㎝的大小。

❹ 在③之間夾入牡蠣，固定成串。塗上橄欖油，用柴火炙燒，確實烤到邊緣燒焦為止。撒上鹽巴。

馬鈴薯泥

A［洋蔥（切大丁）…1/2顆
　 長蔥（切大丁）…1支
馬鈴薯（切大丁）…2顆
培根…20g
雞高湯…300ml
牛奶…300ml　牡蠣肉汁…適量

用橄欖油炒A，加入馬鈴薯與培根稍微炒過，然後加入雞高湯煮到軟化。用攪拌器攪打，加入牛奶、牡蠣肉汁調整濃度，以鹽巴調味。

最後步驟

❶ 將馬鈴薯泥放入裝在盒中的盤內，放上烤牡蠣與白菜（拔掉鐵籤）。放上鹽醃豬背脂、糖漬檸檬皮（水煮檸檬皮細絲，煮沸後倒掉湯汁，共重複3次。之後和檸檬汁、砂糖一起煮，以檸檬香料油增添香氣），再用噴槍炙燒。

❷ 淋上E.V.橄欖油，撒上研磨黑胡椒。放上加熱過的布里歐麵包。蓋上盒蓋，用煙燻槍從縫隙注入煙霧。

白鯖河豚與蕪菁

（彩頁 P.066-067）

—

白鯖河豚

❶ 將白鯖河豚切成魚排，裹上橄欖油，用柴火炙燒表面。內部要烤成半生的狀態。

❷ 切成寬約7㎜片狀。

蕪菁絲沙拉

❶ 削掉大型蕪菁的皮，切絲。

❷ 拌入法式淋醬。

辣椒蘋果蕪菁泥

蘋果泥…100g
蕪菁泥…200g
日本柚子汁…20ml
酒精揮發後的味醂…40ml
E.V.橄欖油…100ml
Piment D'Espelette辣椒粉…1小匙

混合所有材料。

酪梨奶油霜

酪梨…500g
馬斯卡彭乳酪…50g
酸奶油…150g
鮮奶油（35%）…150g
檸檬汁…適量

混合所有材料。

青紫蘇油

青紫蘇…100片
葡萄籽油…400g

❶ 將葡萄籽油加熱到120℃，放入青紫蘇後靜置放涼。

❷ 用攪拌器攪打。

最後步驟

蔥芽
紫蘇花
魚子醬

❶ 在盤中鋪入辣椒蘋果蕪菁泥，放上河豚（1/3條量），擺上蕪菁絲沙拉。添上酪梨奶油霜。

❷ 倒入青紫蘇油，撒上香草類。

❸ 依個人喜好放上魚子醬。

法式淋醬

蘋果…150g
薑…50g
西洋芹…250g
醃漬醋（P.213）…400ml
水…200ml
E.V.橄欖油…500g

❶ 將所有材料放入鍋中，開火加熱1～2分鐘後靜置放涼。

❷ 用攪拌器攪打後過濾。

香煎魚膘

（彩頁 P.068-069）

—

香煎魚膘

大頭鱈的魚膘
日本酒…適量
A
- 牛奶…400ml
- 水…400ml
- 雞高湯…200ml
- 酒精揮發後的味醂…50ml
- 月桂葉…1片
- 黑胡椒粒…20粒
- 薑片…約5片

天婦羅麵糊…適量
- 天婦羅粉…3
- 玉米粉…1
- 冷水…適量
- 橄欖油…少量

低筋麵粉…適量

❶ 用日本酒清洗魚膘。
❷ 在鍋中混合A，開火後溫度保持80℃，煮①10分鐘。連同鍋子一起泡在冰水中冷卻，讓香氣轉移到湯汁中。
❸ 取出魚膘瀝乾後裹上天婦羅麵糊，放在抹上油的鐵板上煎底部。過程中撒上低筋麵粉再上下翻面，將兩面都煎出焦黃痕跡。接著再用油迅速炸過。

巴薩米克風味醬汁

A
- 洋蔥（切末）…100g
- 紅蔥頭（切末）…80g
- 薑（切細絲）…25g
- 巴薩米克醋…50ml
- 酒精揮發後的味醂…10ml
- 生魚片醬油…20ml
- 橄欖油…50ml
- 鹽巴…適量

馬德拉酒…100ml
清湯…100ml

❶ 混合A熬煮。
❷ 加入馬德拉酒和清湯稍微熬煮，調整味道。

最後步驟

蕃茄丁
混合香草
E.V.橄欖油
炒繡球菇（撒鹽巴）
裸炸百合根（撒鹽巴）
研磨黑胡椒

❶〈醬汁的最後步驟〉加熱適量的巴薩米克風味醬汁，加入蕃茄丁、混合香草稍微煮過。加入鹽巴與E.V.橄欖油調整味道。鋪入盤中。
❷ 盛入魚膘，放上炒繡球菇以及裸炸百合根。
❸ 用手持電動攪拌棒打發魚膘煮汁後疊上。撒上山椒粉。

鮭魚卵棒

（彩頁 P.070-071）

—

料理的組成

醬油漬鮭魚卵
春捲皮
酪梨奶油霜
- 酪梨（切末）…60g
- 馬斯卡彭乳酪…10g
- 山葵末（醃漬物）…10g
- 檸檬汁…適量
- 酒精揮發後的味醂…適量
- 鹽巴…適量

日本柚子皮

❶ 將春捲皮對切，再切成約4㎝寬的條狀。2片重疊後抹上葡萄籽油。鋪在長22㎝、寬1㎝、高1㎝的特製ㄈ字形模具中，然後從上面疊上另一個模具嵌合。切掉多出來的春捲皮，用200℃的烤箱烘烤。
❷ 混合酪梨奶油霜的材料，裝進小擠花袋中。
❸ 在烤好後脫模的①底部擠上②。在上面擺放醬油漬鮭魚卵，撒上日本柚子皮屑。

鰤魚火腿與黃金蕪菁

（彩頁 P.072-073）

—

料理的組成

鰤魚
醃漬鹽（鹽巴3：砂糖2）
黃金蕪菁
醋橘鮮奶油
- 鮮奶油（35%）…150ml
- 醋橘汁…15ml
- 牛奶…20ml
- 淡口醬油…25ml
- 酒精揮發後的味醂…10ml
- E.V.橄欖油…20ml

醋漬蘘荷
山葵（磨泥）
醋橘皮
蔥芽
菊花
紫蘇花穗

❶ 將鰤魚切成魚排。
❷ 在魚排上裹滿醃漬鹽加以醃漬。放置半天後如果出水、鹽巴也掉下來，就再次裹上醃漬鹽，並且翻面。一共醃漬24小時。
❸ 清洗鰤魚後徹底去除水分。冷燻30分鐘。放在網子上，不包上保鮮膜，直接放進冰箱冷藏室靜置至少3～4天。
❹ 用切片器將黃金蕪菁切片，再以熱水迅速氽燙，撈起來靜置放涼。
❺ 將鰤魚切片，和黃金蕪菁交錯盛盤。淋上醋橘鮮奶油（混合材料），擺上醋漬蘘荷、山葵，撒上醋橘皮屑。以蔥芽、菊花、紫蘇花穗做裝飾。

小牛與扇貝

（彩頁 P.074-075）

—

小牛

❶ 在小牛的臀肉蓋上撒鹽巴、裹上橄欖油，用鐵板煎至表面上色。
❷ 和橄欖油、香草（龍蒿、百里香與迷迭香）一起裝進真空袋，隔水加熱後以58℃的蒸氣烘烤爐加熱40分鐘。
❸ 取出袋中殘留的肉汁加入蛋白，開火加熱以去除雜質，然後用布過濾。將此湯汁以適量酒精揮發後的味醂、白醬油與杏仁油調味。加入大量杏仁碎（＝醬汁）。

扇貝貝柱

❶ 扇貝處理乾淨後，將貝柱切成一半的厚度再縱向對切。裹上橄欖油，用鐵板將表面迅速煎過，之後立刻放入置於冰塊的淺盤中冷卻。
❷ 拌入紅蔥頭末、細香蔥末以及E.V.橄欖油。

沙巴雍奶泡

A
- 牛奶…80g
- 味醂…30g
- 蛋黃…6顆份
- 檸檬汁…少量

帕瑪森乳酪（削成屑）…5～8g
鹽巴…適量

B
- 鮮奶油（35%）…90g
- 馬斯卡彭乳酪…40g

❶ 以低溫加熱A的同時要不停攪拌，使其乳化。加入帕瑪森乳酪和鹽巴，靜置放涼。
❷ 在別的調理盆中混合B，加入一半的①攪拌均勻，之後再加入另一半。完成後過濾。
❸ 裝入虹吸氣壓瓶中。

最後步驟

蒸甘薯（切小塊）
醋漬蘘荷
醋漬黃蘿蔔（切片）
紅色酢漿草
莧菜苗
研磨黑胡椒

❶ 將小牛切成薄片。撒上少許鹽巴，放上扇貝貝柱捲起。
❷ 在蒸甘薯上撒鹽巴。瀝乾醋漬蘘荷、醋漬黃蘿蔔。
❸ 將3片①盛盤，放上②，淋上醬汁。
❹ 擠出沙巴雍奶泡，撒上研磨黑胡椒。添上酢漿草與莧菜苗。

星鰻與肥肝

（彩頁 P.076-077）

—

炸星鰻

❶ 剖開星鰻，切掉頭。在皮上淋熱水，然後用冰水冷卻，用菜刀刮掉上面的黏液。
❷ 將肉處理乾淨並修整，然後以1～2㎜的間隔斷骨。切成1份為25g，在皮面上劃入切痕。
❸ 裹上天婦羅麵糊（P.215）油炸。瀝油後撒上鹽巴。

煎煙燻肥肝

❶ 肥肝處理乾淨後切塊。
❷ 在煙燻鍋中鋪木片、架上網子，把①放上去後加蓋。冒煙之後繼續加熱6分鐘。取出後用保鮮膜捲起來，放進冰箱冷藏。
❸ 切成薄片，用鐵板煎。

芥末籽煮根芹菜

根芹菜（切絲）…500g
金針菇柄…100g
雞清湯…300ml
芥末籽…30g
薑（切細絲）…30g
肥肝的油脂…適量
葛粉…適量

❶ 用橄欖油將根芹菜絲、金針菇柄稍微炒過，加入剛好淹過食材的雞清湯、芥末籽與薑一起煮。再用鹽巴調味，加入葛粉水勾芡。
❷ 最後加入煙燻肥肝的油脂，以增添香氣。

最後步驟

根芹菜泥（參考P.213「軟絲…」，根芹菜奶油霜）
蘋果籤（新鮮蘋果切成棒狀）
山蘿蔔苗
山椒粉

在盤子中央盛入根芹菜泥，放上炸星鰻。疊上燉煮根芹菜與肥肝。放上蘋果籤與山蘿蔔苗，最後撒上山椒粉。

明蝦與日月蛤 炸銀杏　巴巴露亞

（彩頁 P.078-079）

—

汆燙蝦子、貝類、烏賊

❶ 將明蝦串起，用熱鹽水迅速汆燙。之後立刻用冰水冷卻，去頭剝殼。用廚房紙巾擦乾水分，將肉分成3等分。
❷ 將日月蛤貝柱分成3等分，同樣迅速汆燙、冷卻並擦乾水分。
❸ 長槍烏賊處理乾淨後切成3㎝×4㎝的大小，在表面劃入切痕。同樣迅速汆燙、冷卻並擦乾水分。

甲殼類的巴巴露亞

A
蛋黃…3顆份
味醂…10g
牛奶…50g
龍蝦高湯…90g

吉利丁…4g
鮮奶油（35%）…100g

❶ 混合A，以製作英式蛋奶醬的要領，加熱的同時一邊用打蛋器攪拌。
❷ 加入吉利丁冷卻，混入打發起泡的鮮奶油。

最後步驟

日本柚子風味的高湯凍
炸銀杏
莧菜
紫蘇花穗

❶ 混合蝦子、貝類與烏賊，拌入鹽巴與E.V.橄欖油。
❷ 混合明蝦的蝦膏和蝦尾，拌入E.V.橄欖油與法式淋醬（P.214）。
❸ 在杯中鋪入甲殼類的巴巴露亞，盛上①和②。放上高湯凍（在雞清湯中加入日本柚子汁，再加入分量1%的吉利丁冷卻凝固）。撒上炸銀杏以及香草苗。

象拔蚌　貽貝 海瓜子

(彩頁 P.080-081)

—

象拔蚌

❶ 從殼中取出象拔蚌肉，在表面以1㎜的間距劃入切痕，切成一口大小。放在平底鍋型的網子上，用刷子塗橄欖油。蓋上網蓋，用柴火迅速烤過（一邊讓橄欖油從網蓋上滴落，利用煙霧來煙燻）。
❷ 分切圓葉玉簪後蒸熟。拌入法式淋醬（P.214）。
❸〈行者大蒜泡泡〉在煮沸的雞高湯中加入行者大蒜後關火，立刻用攪拌器攪打。稍微散熱後加入奶油，用手持電動攪拌器打發起泡。
❹ 出餐時將②放在象拔蚌殼上，盛入①，放上③的泡泡。

貽貝

❶ 從殼中取出貽貝的肉，用柴火迅速烤過（貽貝用刷子塗抹上肉汁）。
❷ 用奶油小火慢炒白蔥薄片，以鹽巴與Piment D'Espelette辣椒粉調味。
❸〈新洋蔥慕斯〉用奶油將新洋蔥薄片稍微炒過，加入剛好淹過食材的牛奶與馬斯卡彭乳酪燉煮30分鐘，放入攪拌器攪打。再放入鍋中加熱，加入鹽巴與奶油。最後裝入虹吸氣壓瓶中。
❹ 出餐時將②鋪在貽貝殼中，放上①，擠上③的慕斯。

海瓜子

從殼中取出海瓜子的肉。放上百里香葉、檸檬皮，用鹽醃豬背脂薄片捲起來。出餐之前放在殼上，用烤箱加熱幾十秒。

最後步驟

❶ 將3種貝類放入鋪滿石頭和貝類的盒中，各自完成最後步驟再蓋上蓋子。
❷ 用煙燻槍從縫隙注入煙霧，蓋上蓋子出餐。

螯龍蝦　紅菊苣 白蘆筍

(彩頁 P.082-083)

—

螯龍蝦

❶ 在螯龍蝦的殼內側串入竹籤汆燙。浸泡冰水後去殼。
❷ 裸炸馬鈴薯片（品種為印加的覺醒），在炸得酥脆之前撈起來，放在紙上瀝油。趁熱讓邊緣重疊排列成片狀，靜置放涼。
❸ 讓①的螯龍蝦裹上白肉魚肉泥，放在②的馬鈴薯片上，捲成棒狀。在鐵板上抹橄欖油，放上螯龍蝦燒烤並不停翻動。
❹ 出餐前放上松露奶油，用烤箱加熱。

紅菊苣與白蘆筍

❶ 將紅菊苣拆成一支支，裹滿橄欖油放上鐵板烤。和法式淋醬（P.214）、鹽巴與胡椒混合。
❷ 白蘆筍處理乾淨後和奶油一起裝進真空袋，用蒸籠蒸10分鐘。出餐前縱向對切，煎到上色。

娜利普萊苦艾酒風味醬汁

A
- 紅蔥頭（切末）…200g
- 娜利普萊苦艾酒…1L
- 白波特酒…200ml
- 芫荽籽（磨碎）…30粒
- 白胡椒粒（磨碎）…15粒

鮮奶油（35%）…100ml
奶油、檸檬汁…各適量

❶ 在鍋中混合A，熬煮到變成1/10的量，用圓錐形漏勺過濾。
❷ 放入鍋中開火加熱，加入鮮奶油。用奶油提香，以檸檬汁與鹽巴調味。

最後步驟

E.V.橄欖油、百里香的花

扇貝　絲綢乳酪
青蘋果

（彩頁 P.084-085）

—

煎扇貝貝柱

在扇貝貝柱上撒鹽巴，靜置2～3分鐘。撒上低筋麵粉，用抹上油的鐵板煎。讓上下兩面上色，並且也要轉到側邊稍微煎過。放進烤箱稍微加熱，讓內部呈現半生狀態。

豆子沙拉

甜豌豆
四季豆
蠶豆
紅蔥頭（切末）
法式淋醬（P.214）

❶ 將3種豆子分別用加了砂糖、鹽巴的熱水汆燙，然後浸泡冰水再瀝乾。
❷ 混合①和紅蔥頭末，加入法式淋醬與鹽巴攪拌。

甜豌豆泥

水煮甜豌豆莢，和煮汁、E.V.橄欖油一起用攪拌器攪打，然後過濾。

最後步驟

青蘋果緞帶
絲綢乳酪…1大匙
魚子醬（橄欖球狀）…7g
山蘿蔔苗
蒔蘿花

❶ 青蘋果去芯，用削皮器切成緞帶狀的薄片。再切成約10㎝條狀捲起。
❷ 在盤中鋪入絲綢乳酪，放上扇貝貝柱。添上魚子醬。
❸ 擺上豆子沙拉、甜豌豆泥，放上①。最後以香草類做裝飾。

鮭魚　紅椒
黃椒

（彩頁 P.086-087）

—

韃靼鮭魚

鮭魚
法式酸辣醬
香草碎

❶ 鮭魚排去皮後切成薄片。擺放在淺盤中，以醃漬鹽（鹽巴3：砂糖2）醃漬6分鐘。用廚房紙巾擦乾水分再切成小丁狀。
❷ 在1/3量的①中拌入E.V.橄欖油，放入小鍋迅速將表面煎過，然後立刻連同鍋子泡在冰水中。冷卻後混合剩下2/3的量，拌入法式酸辣醬與香草碎。

法式酸辣醬

酸豆（切末）…20g
醃黃瓜（切末）…40g
山葵末（醃漬物）…20g
黃芥末…80g
法式淋醬（P.214）…110g
橄欖油…70g
酒精揮發後的味醂…30g
白醬油…40g

紅椒捲韃靼鮭魚

❶ 以直火將紅椒烤到外皮完全焦黑。放入調理盆中蓋上保鮮膜，蒸好之後去皮。切成1整片。
❷ 在保鮮膜上攤開①，將韃靼鮭魚鋪成帶狀。一起捲成條狀再修整形狀。

黃椒泥

洋蔥（切薄片）…1顆
黃椒（切薄片）…2顆
奶油…適量
吉利丁…整體分量的1.5%
鮮奶油（35%）…整體分量的10%

❶ 用奶油花約2小時小火慢炒洋蔥和黃椒，然後用攪拌器攪打後過濾。
❷ 在①的泥中混入吉利丁，再加入打發起泡的鮮奶油，大致混勻。以鹽巴調味。

黃椒醬汁

❶ 用果汁機攪打黃椒。熬煮到汁液剩下1/10的量。
❷ 加入白色巴薩米克醋、檸檬汁、Piment D'Espelette辣椒粉與鹽巴調味。

糖煮小蕃茄與蕃茄醋凍

❶ 用熱水燙小蕃茄，去皮後對切。
❷ 在小碗中放入①和1支百里香，倒入蕃茄醋（在蕃茄水中加入少量白色巴薩米克醋與鹽巴）。連同碗一起裝進真空袋，醃漬3小時。
❸ 過濾②的汁液，加入分量1.5%的吉利丁，冷卻到大致凝固。

最後步驟

自製瑞可塔乳酪
黃金奧樂岡、旱金蓮
馬鞭草

❶ 在容器中鋪入黃椒泥，各放上2個韃靼鮭魚和糖煮小蕃茄。
❷ 淋上凍、撒上瑞可塔乳酪，倒入黃椒醬汁。以香草類做裝飾。

章魚　蕃茄
生火腿　乳酪

（彩頁 P.088-089）

—

炒水章魚切片和吸盤

水章魚
大蒜（切薄片）
迷迭香
淡口醬油
檸檬汁
Piment D'Espelette辣椒粉

❶ 剝掉水章魚的皮，從皮上將吸盤一個個取下。身體要切成極薄的薄片。
❷ 在鍋中倒入橄欖油，加熱大蒜，然後放入章魚的身體、吸盤與1枝迷迭香迅速炒過，之後連同鍋子用冰水冷卻。
❸ 加入淡口醬油、檸檬汁以及Piment D'Espelette辣椒粉調味。

蘘荷法式酸辣醬

在蘘荷末中混入大量蒔蘿、細香蔥末，再拌入法式酸辣醬（P.219）。

最後步驟

蕃茄（中型）
絲綢乳酪
生火腿薄片
羅勒花

❶ 將蕃茄的中間部分切成厚圓片。
❷ 在盤中鋪入絲綢乳酪、放上蕃茄，盛上蘘荷法式酸辣醬。擺上炒章魚。
❸ 插上幾片生火腿薄片（用切片器將帕瑪火腿切成極薄的薄片擺放在矽膠墊上，放入乾燥機6小時，乾燥成酥脆的狀態）。點綴上羅勒花。

長槍烏賊與黃櫛瓜

（彩頁 P.090-091）

—

燉飯風烏賊腳

長槍烏賊的腳…200g
大蒜…1瓣
A ┌ 洋蔥（切末）…50g
　│ 紅蔥頭（切末）…30g
　│ 西洋芹（切末）…30g
　│ 薑（切末）…20g
　└ 鷹爪辣椒…1根
墨魚汁…20g
雞清湯…200ml
魚露…10ml
糖漬檸檬皮醬…50g

❶ 長槍烏賊處理乾淨後分成身體和腳。
❷ 在腳上塗抹橄欖油，以冒出熊熊火焰的柴火烤到完全焦黑。放在淺盤中置於冰水上冷卻，然後切成碎末。
❸ 用橄欖油炒大蒜，用大火炒A。加入②一起拌炒。加入墨魚汁、清湯與魚露煮到入味，最後加入糖漬檸檬皮醬。

柴燒長槍烏賊

在長槍烏賊的身體上塗橄欖油，用柴火迅速炙燒。

炒黃櫛瓜

黃櫛瓜
大蒜
A ┌ 薑（磨泥）
　│ 大蒜（磨泥）
　└ 迷迭香

將黃櫛瓜削成薄片，然後切成絲。撒上鹽巴，和插在筷子上的大蒜一起用橄欖油快速炒過。最後再加入A炒出香氣。

最後步驟

辣椒絲
義大利荷蘭芹
萊姆皮
E.V.橄欖油
糖漬檸檬皮醬

❶ 在盤中盛入燉飯風烏賊腳，擺上柴燒長槍烏賊，放上黃櫛瓜。
❷ 放上辣椒絲、義大利荷蘭芹，撒上萊姆皮屑。淋上E.V.橄欖油，最後添上糖漬檸檬皮醬。

糖漬檸檬皮醬

將檸檬皮末煮過後倒掉湯汁，共重複3次。放入鍋中，加入檸檬汁、砂糖與檸檬香草油熬煮。

青石斑與萬願寺辣椒

(彩頁 P.092-093)

—

烤青石斑

將青石斑魚排切片。以加熱好的烤盤先快速將肉的那面烤過，然後翻面烤魚皮。邊按壓邊烤，讓皮下的油脂熟透。等到皮變得酥脆便取下，塗上橄欖油以烤箱加熱。

烤夏季蔬菜

❶ 用柴火烤事先燙過的四季豆。
❷ 在萬願寺辣椒、縱向對切的秋葵上塗橄欖油，用烤盤烤。再用橄欖油煎切塊的茄子。
❸ 用黑橄欖淋醬攪拌①、②以及切好的蘘荷。

黑橄欖淋醬

黑橄欖糊…40g
蘘荷（切末）…50g
醋漬酸豆（切末）…20g
薑（磨泥）…20g
綠胡椒（水煮／切末）…20粒
醃漬醋（P.213）…100ml
紫蘇油（P.214）…50ml

萬願寺辣椒醬汁

萬願寺辣椒…200g
A ┌ 淡口醬油…10ml
　└ 酒精揮發後的味醂…10ml
E.V. 橄欖油…適量

❶ 在萬願寺辣椒上塗橄欖油，用開大火的烤盤烤出香氣。
❷ 將①和A放入攪拌器攪打，然後加入E.V. 橄欖油繼續打。

最後步驟

在盤中鋪入萬願寺辣椒醬汁，放上青石斑。擺上夏季蔬菜，添上煮過的毛豆。以櫛瓜的花、蔥芽做裝飾。淋上紫蘇油（P.214）。

鮪魚與夏季蔬菜

(彩頁 P.094-095)

—

網烤鮪魚

將鮪魚切成2人份大小的片狀（7㎝×3㎝×3㎝），撒上鹽巴、裹上橄欖油，放上冒出熊熊火焰的柴火烤網炙燒。一邊增添煙燻香氣，一邊將6面烤過。烤好後切塊。

夏季蔬菜(菜園的鮮嫩蔬菜)的主要烹調方式

❶ 用鐵板煎牛蒡、櫛瓜、玉米筍與迷你蘿蔔，撒上鹽巴。
❷ 用烤箱烤小洋蔥，撒上鹽巴。
❸ 烤迷你馬鈴薯。和淋醬（用攪拌器攪打芥末籽、芫荽籽與白酒醋）混合。

洋蔥泥

用橄欖油小火慢炒洋蔥末，放入攪拌器攪打。再加入適量馬斯卡彭乳酪。

洋蔥醬汁

以1：1的比例混合洋蔥泥和娜利普萊苦艾酒風味醬汁（P.218）。

哈里薩辣醬

紅椒…6顆
香脆椒（中國製的辣椒風味炸花生零食）…150g
大蒜…2瓣
孜然…10g
黑胡椒…10g
花椒…5g
山椒…5g
E.V. 橄欖油…50g

❶ 以直火將紅椒皮烤到完全焦黑，放入食物調理機攪打。
❷ 將香脆椒以及大蒜放入食物調理機攪打。
❸ 用研磨機研磨辛香料類。
❹ 將所有材料都放入調理盆中混合，混入E.V. 橄欖油。

綠蒜頭

用牛奶煮大蒜，放入攪拌器攪打。最後加入汆燙過的羅勒繼續打。

最後步驟

巴薩米克風味醬汁（P.215）
旱金蓮
山蘿蔔苗

❶ 將鮪魚盛盤。添上巴薩米克風味醬汁、洋蔥泥與洋蔥醬汁。
❷ 擺上蔬菜類，添上少量哈里薩辣醬與綠蒜頭，再撒上香草類。

毛蟹　奶油南瓜

（彩頁 P.098-099）

—

毛蟹

❶ 用鹽水汆燙毛蟹，冷卻後取出肉。蟹膏要保留備用。
❷ 在撕好的蟹肉中混入紅蔥頭（切末），拌入油醋醬、神樂南蠻風味的大蒜蛋黃醬混勻。

油醋醬

洋蔥…1顆
第戎芥末醬…20g
白酒醋…180ml
純橄欖油…750ml

❶ 將橄欖油之外的材料都放進攪拌器攪打。
❷ 在①中加入橄欖油使其乳化，以鹽巴與胡椒調味。

神樂南蠻風味的大蒜蛋黃醬

自製神樂南蠻（辣椒）粉
大蒜蛋黃醬（蛋黃、大蒜與橄欖油）

製作大蒜蛋黃醬，加入適量神樂南蠻粉（將在田裡完全成熟到變成紅色的神樂南蠻去籽後加以乾燥，用研磨機磨成粉）。

奶油南瓜泥

紅蔥頭（切末）…2個
奶油南瓜（切薄片）…1顆
奶油…適量

❶ 用奶油小火慢炒紅蔥頭，加入奶油南瓜稍微炒過。加入剛好淹過食材的水量煮南瓜，以鹽巴調味。
❷ 放入攪拌器中打成泥後過濾。

美式醬汁奶泡

A
- 紅蔥頭（切薄片）…100g
- 娜利普萊苦艾酒…300ml
- 白酒…200ml

蛋黃…6顆份
無水奶油…150g
濃縮美式高湯*…150g

*用烤箱烤毛蟹殼，和其他炒過的調味蔬菜（紅蘿蔔、洋蔥與西洋芹）混合，加入白蘭地、白酒、蕃茄與二次野味清湯熬煮後過濾。

❶ 混合A熬煮。加入蛋黃，以小火邊攪拌邊加熱。分次少量地加入無水奶油，使其乳化。
❷ 在①中混入濃縮美式高湯，以鹽巴調味。裝入虹吸氣壓瓶中。

最後步驟

隔水加熱蟹膏後裝入容器內，放上蟹肉。疊上奶油南瓜泥，擠上美式醬汁奶泡。撒上鮭魚卵、越光米米香、旱金蓮、紅脈酸模與仙壽菜苗。

韃靼長槍烏賊

（彩頁 P.100-101）

—

韃靼烏賊與金柑

長槍烏賊…100g
昆布
日本酒…適量

A
- 糖煮金柑（用糖漿煮／切末）…20g
- 紅蔥頭（切末）…20g
- 油醋醬（參考前項）…30g

❶ 長槍烏賊處理乾淨後取下鰭和腳，在身體撒上鹽巴，以用日本酒擦拭過的昆布夾住，靜置15分鐘。
❷ 塗上橄欖油，用石窯（約400～450℃）將兩面各烤約10秒。
❸ 切成小丁。
❹ 混合③和A。

最後步驟

❶ 在旱金蓮的葉子上放慕斯圈，填入韃靼長槍烏賊。
❷ 分別擠上神樂南蠻風味的大蒜蛋黃醬、熬煮過的濃縮醬油。撒上黑米米香。以細香蔥末覆蓋表面，再將切碎的旱金蓮花覆蓋上去。
❸ 將①放在鋪滿冰塊的容器中，取下慕斯圈。在葉子上噴灑鹽水。

佐渡牡蠣冰淇淋

（彩頁 P.102-103）

—

牡蠣冰淇淋

蒸牡蠣肉（10～12個）和肉汁
…共計300g
牛奶（澤西牛奶）…25g
鮮奶油（42%）…150g
轉化糖漿…30g
鹽巴…適量

❶ 牡蠣帶殼蒸15分鐘，取下牡蠣肉。肉汁過濾備用。
❷ 在鍋中放入牛奶、鮮奶油、牡蠣和牡蠣肉汁煮沸。放進攪拌器攪打，用圓錐形漏勺過濾。加入鹽巴與轉化糖漿，放入冰淇淋機中製作。
❸ 將冰淇淋裝進牡蠣殼中冷凍。

最後步驟

昆布粉…適量
西洋芹粉…適量
白色巴薩米克醋風味的珍珠
香雪球

❶ 在牡蠣冰淇淋的表面撒上昆布粉、西洋芹粉（將乾燥過的芹菜磨成粉）。
❷ 撒上珍珠（水煮後泡在白色巴薩米克醋中）與香雪球。盛入容器內。

法式鮟鱇魚凍

（彩頁 P.104-105）

—

法式鮟鱇魚凍

鮟鱇魚…1條
白酒…200ml
鮟鱇魚肉汁…適量
野味清湯…和肉汁等量
魚醬…50ml
吉利丁…約所有液體的4%

❶ 剝掉鮟鱇魚的皮，取出內臟後切成魚排。丟掉腮和腸子，魚排則用紙包起來去除水分。
❷ 在皮上撒鹽巴，充分揉捏，然後用水清洗。
❸ 將內臟、魚皮、魚排分別擺放在淺盤中，撒上鹽巴和白酒。用蒸氣烘烤爐蒸20～30分鐘。放涼後取出部分魚肝備用，其餘切丁。
❹ 將骨頭和邊角肉放在其他淺盤中，依照同樣作法蒸。過濾盤中的肉汁，放入鍋中。加入③的蒸汁，再加入野味清湯與魚醬煮沸，然後放入用水泡發的吉利丁。
❺ 將③的肉、內臟與皮均等地放入模具中，倒入④，冷卻凝固。

鮟鱇魚肝海鮮濃湯

鮟鱇魚肝（蒸過）…70g
牛奶…50ml
鮮奶油（42%）…30ml
美式高湯（參考P.222「毛蟹……」美式醬汁奶泡）…100g

❶ 混合鮟鱇魚肝、牛奶以及鮮奶油一起煮。
❷ 加入美式高湯（以蝦類的頭和殼為基底），以鹽巴調味。用手持電動攪拌棒打發起泡。

蜂斗菜法式酸辣醬

全熟水煮蛋（切末）…2顆
醋漬蜂斗菜（切末）…15g
野生水芹（切末）…10g
紅蔥頭（切末）…1個
魚沼產芥菜種子芥末醬…15g
油醋醬（P.222）…70ml
E.V. 橄欖油…30ml

混合所有材料。

醋漬蜂斗菜

蜂斗菜氽燙後用鹽巴醃漬（2～3週），之後泡在白酒醋中。

醋漬木天蓼

氽燙木天蓼的果實後用鹽巴醃漬（2～3週），之後泡在白酒醋中。

最後步驟

❶ 將法式鮟鱇魚凍切塊，在上面塗抹E.V. 橄欖油，裹上細香蔥末。
❷ 切口朝上盛盤。放上蜂斗菜法式酸辣醬、黑蒜頭泥（將黑蒜頭放入攪拌器攪打）與醋漬木天蓼。
❸ 另外添上鮟鱇魚肝海鮮濃湯。

石窯烤佐渡牡丹蝦 佐柴燒奶油霜

（彩頁 P.106-107）

—

石窯烤牡丹蝦

牡丹蝦
二次野味清湯
A ┌ 雪莉酒
　│ 香茅
　└ 馬蜂橙葉
蒜油

❶ 在二次野味清湯中加入A，浸泡牡丹蝦，醃漬1～2小時。
❷ 擦乾水分，塗上蒜油，放在烤網上送入石窯。烤到一半翻面，兩面各烤約20秒。

柴燒奶油霜

鮮奶油（42%）…300ml
雪莉醋…50ml

❶ 木柴在石窯中燒紅後，放入鮮奶油。在冰箱冷藏室靜置1晚。
❷ 過濾後加入雪莉醋，用打蛋器打發起泡。以鹽巴調味。

牡丹蝦美式醬汁

烤牡丹蝦頭和蝦殼，和另外炒過的香味蔬菜混合，倒入白蘭地點燃，接著加入白酒、蕃茄與野味清湯（二次）一起煮。過濾後熬煮成適當的濃度，再調整味道。

最後步驟

將柴燒奶油霜塑形成橄欖球狀盛盤，添上牡丹蝦美式醬汁。放上石窯烤牡丹蝦。

佐渡西日本鳳螺 野生土當歸

（彩頁 P.108-109）

—

螺肉的烹調與煮汁

西鳳螺…3kg
日本酒…300ml
二次野味清湯…1L
昆布高湯…1L
洋蔥（切半）…2顆
薑（切厚片）…1塊

❶ 清洗西日本鳳螺，放入鍋中。倒入日本酒，蓋上鍋蓋加熱。
❷ 酒精揮發後，加入二次野味清湯和昆布高湯。放入洋蔥與薑，煮沸後撈除浮沫，將火轉小，在沒有沸騰的狀態下煮2～3小時。關火後靜置放涼。
❸ 取出鳳螺，過濾煮汁。從殼中取出肉，浸泡在煮汁中。

香草奶油(鯷魚風味)

奶油…1350g
鯷魚…250g
荷蘭芹…1袋
龍蒿…1袋
細香蔥…1袋
紅蔥頭…500g
麵包粉…150g
杏仁粉…100g

❶ 將所有材料放入食物調理機攪打。
❷ 用保鮮膜包起來塑形成圓筒狀，綁住兩端。放入冰箱冷藏凝固。

焗西日本鳳螺與土當歸(1人份)

煮過的西日本鳳螺…1個
野生土當歸（切丁）…50g
野生土當歸（切片）…適量
香草奶油…30g
柑橘風味白奶油醬汁…20ml
細香蔥花

❶ 將螺肉切成寬1.5㎝見方的丁狀。螺肉的末端要丟掉。
❷ 削掉土當歸上方的皮，切成1.5㎝見方的丁狀。
❸ 另外用切片器將土當歸切成極薄的薄片，迅速汆燙後泡冰水。用紙去除水分，一片片地讓邊緣重疊，排成片狀。用慕斯圈取型。
❹ 熱好平底鍋，炒①和②，加入鯷魚風味的香草奶油之後將火轉小，繼續攪拌均勻。
❺ 在盤中放入慕斯圈，填入④，淋上加熱好的柑橘風味白奶油醬汁（在一般的白奶油醬汁中加入四季橘醋）。
❻ 取下慕斯圈，放上③，擺上細香蔥花做裝飾。

西日本鳳螺濃湯

西日本鳳螺的濃縮煮汁…20ml
鮮奶油（42%）…100ml
牛奶（澤西牛奶）…30ml

❶ 加熱鮮奶油和牛奶，加入西日本鳳螺的煮汁。調整味道，用手持電動攪拌棒打發起泡。
❷ 倒入貝殼中，擺在鋪上鹽巴的容器上。另外添上焗西日本鳳螺與土當歸。

櫻鱒與
山羊白乳酪醬

（彩頁 P.110-111）

—

醃漬櫻鱒

❶ 對活的櫻鱒進行活締處理，破壞神經。取出內臟與卵，切成3片。
❷ 將魚排切成薄片，撒上鹽巴、砂糖靜置約10分鐘。撒上切碎的茴香、淋上E.V.橄欖油，醃漬20～30分鐘。
❸ 出餐前串在針葉樹的小樹枝上。

山羊白乳酪醬

山羊乳優格…300g
A ┌ 茴香葉（切末）…少量
 │ 細香蔥（切末）…少量
 └ 四季橘醋…20ml
香草油…適量
琉璃苣
香雪球
萬壽菊

❶ 用紗布將優格包起來，在網子上靜置1晚，瀝乾水分。
❷ 在①中混入A。
❸ 出餐前塑形成橄欖球狀盛盤，讓上方凹陷，倒入香草油。以琉璃苣等花類做裝飾。

香草油

❶ 混合田裡的香草（荷蘭芹、細香蔥、茴香、百里香或蒔蘿等）和太白芝麻油，放入攪拌器攪打。
❷ 裝進真空袋靜置幾天後過濾。

櫻鱒的「魚子醬」

將櫻鱒的卵浸泡在鹽分濃度3%的鹽水中。

俄式薄煎餅（3片份）

蕎麥粉…70g
低筋麵粉…30g
泡打粉…3g
全蛋…1顆
牛奶…60ml
鹽巴…3g

❶ 混合材料，靜置半天。
❷ 將麵糊倒入熱好的可麗餅用平底鍋中，煎出俄式薄煎餅。

銀魚　芫荽
佐渡橘

（彩頁 P.112-113）

—

料理的組成

銀魚…50g
蒜油…少量
芫荽熱那亞青醬…20g
┌ 芫荽葉…50g
│ 烘烤杏仁片…15g
└ E.V.橄欖油…100ml
佐渡橘皮粉…少量
發酵神樂南蠻辣椒粉…少量
芫荽花

❶ 在銀魚上撒鹽巴、噴上蒜油，放入石窯總共加熱約10秒。拌入芫荽熱那亞青醬（將材料放入攪拌器攪打）。
❷ 盛盤，撒上大量佐渡橘皮粉、發酵神樂南蠻辣椒粉，以芫荽花做裝飾。

佐渡橘皮粉

用乾燥機烘乾佐渡橘的皮，然後用研磨機磨成粉。

發酵神樂南蠻辣椒粉

❶ 將在田裡完全成熟到變成紅色的神樂南蠻去籽，和為其2.5%量的鹽巴混合後裝進真空袋，常溫下靜置1週發酵。
❷ 過濾①，將果肉和液體分開。
❸ 讓果肉乾燥，用研磨機磨成粉。

紅點鮭與山菜薄餅

（彩頁 P.114-115）

—

蒲燒紅點鮭

紅點鮭
野味清湯
焦化奶油
四季橘醋

❶ 熬煮野味清湯，加入焦化奶油。倒入少許四季橘醋。
❷ 處理乾淨紅點鮭的內臟。撒上鹽巴後裹上低筋麵粉油炸。確實炸到連骨頭也能吃的程度。
❸ 將①的醬料塗抹在②上，用明火烤爐炙燒（烤到一半翻面，將另一面也烤過）。取出來再次塗抹醬料，重複相同的步驟，做成「蒲燒」風格的烤魚。

蕎麥粉薄餅

蕎麥粉…250g
全蛋…4顆
牛奶…500ml
無水奶油…50g

❶ 混合材料，靜置半天。
❷ 在熱好的可麗餅用平底鍋中薄薄地倒入麵糊，煎好後用大的慕斯圈取型。

醋漬山葵葉

山葵葉
A
米醋…150ml
醬油…100ml
日本酒…150ml
味醂…300ml

❶ 混合A。
❷ 以80℃的熱水汆燙山葵葉，立刻用冰水冷卻，瀝乾後泡在①中。

山椒風味大蒜蛋黃醬

蛋黃…1顆份
純橄欖油…150～180ml
山椒（切末）…20g
鹽巴…少量

讓蛋黃和橄欖油乳化，然後加入其他材料。

最後步驟

鹽醃熊背脂
芹菜葉沙拉（拌入油醋醬）
醋漬木天蓼（P.223）
蕎麥米香
鐵火味噌

在蕎麥粉薄餅上擺放醋漬山葵葉，放上紅點鮭。將切成極薄薄片的鹽醃熊背脂放在紅點鮭上，盛上其他材料。最後添上山椒風味的大蒜蛋黃醬。

山菜與蒸真鯛

（彩頁 P.116-117）

—

料理的組成（1人份）

真鯛…70～80g
山菜（鴨兒芹、紅葉笠、圓葉玉簪、莢果蕨嫩葉）…各適量
醋漬蜂斗菜（切末）…10g
野生淺蔥（切蔥花）…少量
真鯛海鮮湯底醬汁

❶ 將真鯛切成3片後去皮。將魚排切成寬約1.5㎝片狀，撒上鹽巴，裝進抹了奶油的慕絲圈。在表面塗抹奶油，以75℃的蒸氣烘烤爐加熱13分鐘。
❷ 將山菜分別用加入鹽巴跟E.V.橄欖油的熱水汆燙，泡冰水冷卻後要立刻瀝乾。莢果蕨嫩葉要切成一半的厚度。
❸ 在①的真鯛上擺放醋漬蜂斗菜（P.223）和淺蔥。
❹ 將鴨兒芹放入盤中，擺上③，取下慕斯圈。擺上其他山菜，淋上真鯛海鮮湯底醬汁。

真鯛海鮮湯底醬汁

真鯛海鮮湯底…100ml
真鯛魚骨…1條份
洋蔥（切薄片）…1顆
昆布、日本酒、水…各適量
鮮奶油（42%）…200ml
奶油…適量

❶〈真鯛海鮮湯底〉將真鯛魚骨和洋蔥一起放入鍋中，加入昆布、日本酒與水煮30～40分鐘，然後過濾。
❷ 稍微熬煮海鮮湯底，加入鮮奶油，用鹽巴調味。出餐前用手持攪拌棒打發起泡。

鮪魚胃串

（彩頁 P.118-119）

—

料理的組成（1人份）

鮪魚胃…80g
香草奶油…30g
薑片、日本酒…各適量
芫荽花

❶ 用鹽巴揉搓鮪魚胃（30～40kg的大小），再用水清洗。
❷ 切掉邊緣堅硬的部分，放入淺盤中。撒上鹽巴後擺上薑片，淋上日本酒。用保鮮膜蓋住淺盤，以100℃的蒸氣烘烤爐蒸1小時～1小時半。
❸ 切成寬約3㎝片狀。
❹ 在鍋中融化香草奶油（生火腿風味），放入③一邊加熱一邊攪拌。
❺ 串在鮪魚骨上盛盤。放上芫荽花。

香草奶油（生火腿風味）

奶油…1350g
生火腿（風乾火腿）…150g
荷蘭芹…1袋
龍蒿…1袋
細香蔥…1袋
紅蔥頭…500g
麵包粉…150
杏仁粉…100g

❶ 將所有材料放入食物調理機攪打。
❷ 用保鮮膜包起來塑形成圓筒狀，綁住兩端。放入冰箱冷藏凝固。

法式香魚濃湯

（彩頁 P.120-121）

—

法式香魚濃湯

香魚…12條
杜松子粉…適量
洋蔥…1顆
大蒜…2瓣
肥肝…150g
紅酒…150ml
杜松子…10粒
二次野味清湯…1.5L
〈最後步驟用〉鮮奶油（42%）、牛奶

❶ 香魚洗淨後，直接在魚上撒鹽巴與杜松子粉醃漬。
❷ 用明火烤爐炙燒兩面。
❸ 用橄欖油小火慢炒洋蔥、大蒜。加入①、肥肝、紅酒與杜松子。待酒精揮發後加入二次野味清湯，蓋上蓋子，用烤箱煮約2小時。
❹ 放入食物調理機中攪打後過濾。
❺ 出餐前，在100g的④中混入鮮奶油50ml與牛奶100ml加熱，以鹽巴調味，之後以攪拌棒打發起泡。

烤香魚乾

❶ 對香魚的腦部進行活締處理，剖開身體。泡在3%的鹽水中約15分鐘，風乾1晚。
❷ 放入石窯炙燒。

最後步驟

❶ 在容器中倒入香魚濃湯，讓塗滿香料味噌（混合熟成味噌、濃縮巴薩米克醋與二號砂糖，再混入現磨的丁香、黑胡椒與小豆蔻）的蕎麥米香漂浮於濃湯上。
❷ 將香料味噌擠在烤香魚乾上，放上高山蓍的花以及山椒葉，擺放在容器的邊緣。

岩牡蠣　生豆皮

（彩頁 P.122-123）

—

煮岩牡蠣

岩牡蠣…1個
昆布高湯…300ml

❶ 打開岩牡蠣的殼，取出肉迅速清洗。
❷ 將昆布高湯加熱到57～60℃，然後保持這個溫度，加熱①7分鐘。
❸ 連同鍋子一起泡在冰水中冷卻。

昆布高湯

昆布…20g
湧泉水…1L

將昆布放入湧泉水中，以75℃煮1小時。

青海苔清湯凍

野味清湯凍…200g
青海苔…10g
魚醬…少量

混合所有材料。

最後步驟

在殼中鋪入生豆皮。將煮岩牡蠣放在紙上瀝乾後，放在生豆皮上。淋上青海苔清湯凍，最後以旱金蓮的花和葉做裝飾。

北極甜蝦　昆布
酢漿草　越光米沙拉

（彩頁 P.124-125）

—

醃漬甜蝦

❶ 甜蝦去殼，以用日本酒擦拭過的昆布夾住，靜置1小時～1小時半。
❷ 淋上檸檬葉油，稍微醃漬。

米沙拉

米（越光米）…50g
大蒜辣椒醬（省略解說）…少量
油醋醬（P.222）…適量
細香蔥（切末）…少量

❶ 將米煮到熟透後瀝乾。
❷ 和其他材料混合。

片狀甜蝦清湯凍

甜蝦清湯…500ml
吉利丁…25g

❶〈甜蝦清湯〉用烤箱烤甜蝦的頭和殼。將香味蔬菜炒過後加進去，然後加入白酒、白蘭地、蕃茄與二次野味清湯一起煮。過濾之後用蛋白去除雜質。
❷ 在①中加入用水泡發的吉利丁煮到溶解，之後在淺盤中倒入高2～3㎜的量，冷卻凝固。

最後步驟

❶ 用慕斯圈切出片狀清湯凍盛盤，裝進米沙拉，擺放上醃漬甜蝦。
❷ 取下慕斯圈，倒入香草油（P.225）。將酢漿草裝飾在蝦子上。

石窯烤赤魷
法式豌豆泥

（彩頁 P.126-127）

—

石窯烤赤魷

❶ 將赤魷處理乾淨。用刀子在身體外側劃入細緻的切痕，然後翻面撒鹽巴靜置約10分鐘，放入冰箱冷藏室。
❷ 將有切痕的那面朝上擺在網子上，送入石窯炙燒約10秒。
❸ 再次劃入切痕，使其呈現細緻的格子紋路。和茴香籽與E.V.橄欖油混合。

豌豆泥

豌豆…150g
紅蔥頭（切末）…1個
奶油…適量
二次野味清湯…250ml
牛奶…適量
豌豆（最後裝飾用，用鹽水煮過）

❶ 用煮沸的鹽水煮豌豆，撈起後放在竹簍裡。
❷ 用奶油小火慢炒紅蔥頭。加入①、野味清湯與適量的水稍微煮過。
❸ 放入攪拌器中攪打後過濾。放入置於冰水上的調理盆中混合攪拌，以急速冷卻。
❹ 出餐之前，將豌豆泥（1人份約50g）放入鍋中，加入適量牛奶稀釋加熱。加入另外煮過的豌豆，以鹽巴調味。

最後步驟

將赤魷盛入盤中，放上豌豆泥，以西洋芹苗做裝飾。撒上發酵神樂南蠻辣椒粉（P.225）與鹿肉乾（以鹽醃鹿腱肉乾燥而成）。

石窯烤比目魚
發酵蕃茄
醋漬蜂斗菜

（彩頁 P.128-129）

—

石窯烤比目魚

❶ 將處理乾淨的比目魚切成寬約5㎝的魚排。避開大骨對切，撒上鹽巴，靜置約1小時。
❷ 裹上橄欖油，放在網子上，擺在石窯內溫度130～150℃的位置烤（約5分鐘）。最後移到溫度350℃的位置，加熱20～30秒。
❸ 剝皮去骨。

發酵蕃茄奶油醬汁

發酵蕃茄的汁液…50ml
鮮奶油（42%）…250ml
醋漬蜂斗菜（P.223）…30g

❶〈發酵蕃茄的汁液〉蕃茄切塊，裹上其重量2.5%的鹽巴，裝進真空袋。在常溫下靜置1週發酵。將果肉和液體分開保存。
❷ 混合鮮奶油和①的液體，開火加熱，然後加入切末的醋漬蜂斗菜末。適度熬煮片刻（在酸的影響下會自然變得濃稠），以鹽巴調味。

牛蒡與黑橄欖泥

牛蒡（切薄片）…200g
紅蔥頭（切末）…1/2個
昆布高湯（P.227）…250ml
黑橄欖…6個

小火慢炒紅蔥頭，加入牛蒡拌炒，再倒入昆布高湯一起煮。和黑橄欖肉一起放入攪拌器攪打。

最後步驟

❶ 將比目魚盛盤，在周圍滴上香草油（P.225）。
❷ 添上用橄欖油在平底鍋煎過的茴香、牛蒡與黑橄欖泥。
❸ 將醬汁淋在魚上。

醬燉佐渡鮑魚

（彩頁 P.130-131）

—

鮑魚的事前處理

鮑魚
昆布
二次野味清湯
白酒
魚醬

❶ 清洗鮑魚（用棕刷將挾帶沙子的地方刷洗乾淨）。
❷ 將①和昆布放入專用袋中。在二次野味清湯中加入白酒與魚醬，倒入袋中，真空處理。以90℃的蒸氣烘烤爐加熱4～5小時。
❸ 在常溫下放涼後開封，從殼中取出肉，切下外套膜、肝。

燉煮醬汁的基底

鮑魚肝（蒸煮過）…300g
紅蔥頭（切末）…100g
黑蒜頭…150g
紅酒…200ml
紅味噌（段四郎）…50g
鮑魚煮汁…300ml
奶油…50g

❶ 用奶油小火慢炒紅蔥頭。放入鮑魚肝、黑蒜頭稍微炒過，再加入紅酒。等到酒精揮發後就混入紅味噌、鮑魚煮汁。
❷ 放入攪拌器中打成泥後過濾。

燉煮醬汁

燉煮醬汁的基底…100g
紅酒醬汁…100g
奶油…50g

❶ 出餐之前，在紅酒醬汁（熬煮紅蔥頭末和紅酒，然後加入野味高湯熬煮）中加入燉煮醬汁的基底熬煮。
❷ 用奶油提香，以鹽巴調味。

最後步驟

❶ 在熱好的平底鍋中倒入奶油和橄欖油，煎蒸好的鮑魚（單面約1分半鐘），接著翻面再煎20～30秒。放在紙上瀝油後對切。放入裝有溫熱醬汁的鍋中，沾裹醬汁。
❷ 將①盛盤，添上烤百合根（用奶油將百合根烤香）、百合根泥（用奶油煎百合根，和適量的水、鹽巴一起用攪拌器攪打）。

魚膘　墨魚汁

(彩頁 P.134-135)

—

魚膘

❶ 將大頭鱈的魚膘處理乾淨，去除血水。之後放入裝有冰水的調理盆，浸泡在流水中。然後瀝乾水分。
❷ 和昆布高湯一起裝進真空袋，以68℃的熱水加熱10分鐘。

大蒜辣椒醬

❶ 將煮過的馬鈴薯和大蒜、少量麵包、適量的魚湯與鹽巴，放進攪拌器中攪打成較稀的泥狀。
❷ 以1：2的比例混合①和蛋黃，再加入橄欖油乳化。

最後步驟

內餡
　昆布高湯…20ml
　蛋黃…1顆份
　鮮奶油（38%）…10ml
　墨魚醬汁（參考右方「烏賊飯」）…10ml
溫泉蛋蛋黃…1/4顆份
塔殼（省略解說）…1個
乾燥蕃茄（油漬／切小丁）
細香蔥（切蔥花）

❶ 混合內餡的材料，以鹽巴調味。
❷ 在塔殼中放入溫泉蛋蛋黃，撒上鹽巴。放上魚膘，倒入①。撒上乾燥蕃茄，用明火烤爐加熱1～2分鐘。
❸ 擠上大蒜辣椒醬，撒上細香蔥。

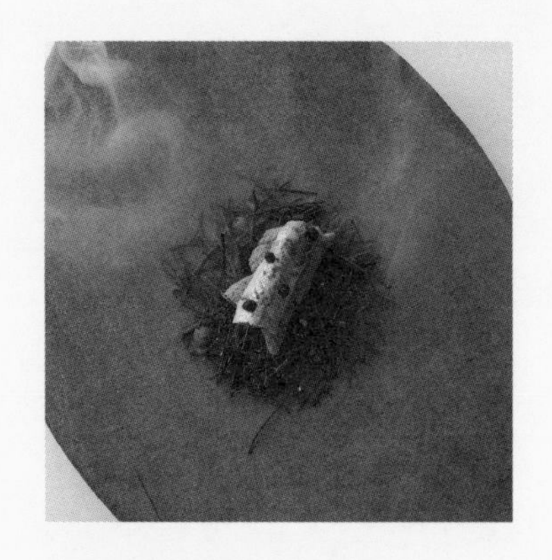

煙燻沙丁魚

(彩頁 P.136-137)

—

沙丁魚的事前處理

將沙丁魚切成3片，去除腹骨和血合肉。在肉上噴灑鹽水，蓋上保鮮膜，靜置15分鐘。用紙擦乾水分後裝進真空袋，在冰溫下靜置5天以上。

烤蔥奶油

❶ 烤4支長蔥。用保鮮膜包起來蒸，蒸到內部也軟化。
❷ 在①中混入濃縮雞高湯30～40ml，放入攪拌器攪打後過濾。
❸ 加入鮮奶油（38%）30～40ml，以及適量的鹽巴與竹炭粉。

甘醋漬嫩薑

❶ 將薑末煮過後倒掉湯汁，放入糖漿（水3：砂糖1）中慢慢地煮。
❷ 浸泡在白酒醋中。

海苔風味米脆片

在500g的粥裡面加入50g的板海苔（揉散），在烘焙紙上塗抹攤平，放入55℃的乾燥機中乾燥2天。分割成適當大小，以210℃的油來炸。

最後步驟

❶ 沙丁魚去皮後修整形狀。在背上擺放甘醋漬嫩薑和細香蔥（切末）。擠上烤蔥奶油後放在海苔片上。
❷ 盛入鋪有葡萄樹枝的盤中。蓋上玻璃鐘形罩，從縫隙用煙燻槍注入煙霧。

烏賊飯

(彩頁 P.138-139)

—

長槍烏賊的事前處理

將小長槍烏賊處理乾淨。鰭和腳要用來製作清湯；身體裝進真空袋，冷凍1週。

烏賊清湯

❶ 用烤箱烤烏賊的鰭和腳，和西洋芹、蛋白一起放入攪拌器攪打。
❷ 在魚高湯中加入①，煮30～40分鐘。用紙過濾成清澈的液體。

墨魚醬汁

A［紅蔥頭（切末）…2個
　 鷹爪辣椒（去籽）…1根
墨魚汁…3杯份
B［娜利普萊苦艾酒…100ml
　 保樂茴香酒…80ml
烏賊清湯…300ml

用橄欖油炒A，然後加入墨魚汁跟B。待酒精揮發後就加入烏賊清湯，熬煮片刻。

最後步驟

A［烏賊清湯…100ml
　 墨魚醬汁…30ml
　 煮過的黑米…50g
B［白酒醋…1小匙
　 乾燥蕃茄（油漬）…少量
糯米粉…適量
C［萊姆果肉（切小丁）
　 乾燥蕃茄（切小丁）
　 細香蔥（切蔥花）

❶ 將A放入鍋中煮。放涼後加入B混合。
❷ 在解凍的小長槍烏賊中填入①，用牙籤固定。薄薄地裹上糯米粉油炸。
❸ 盛盤，放上C。

鰈魚與咖哩

（彩頁 P.140-141）

—

角木葉鰈

❶ 將角木葉鰈切成5片，撒鹽巴靜置15分鐘。水洗後去除水分再裝進真空袋，在冰溫下熟成3～4天。
❷ 骨頭要用油炸，用裝有乾燥劑的容器保存。

蕎麥粉瓦片

❶ 將蕎麥粉法式薄餅（可麗餅）麵糊（省略解說）倒入日式蛋捲煎鍋中煎。
❷ 切成約7㎝×5㎝大小。蓋在圓筒上，用乾燥機乾燥到變酥脆為止。

塔塔醬

紅蔥頭（切極細末）
醋漬酸豆（切極細末）
細香蔥（切末）
美乃滋
檸檬汁

最後步驟

❶ 分切經過熟成的鰈魚，在表面裹上糯米粉，以180℃的油來炸。瀝油後分切成寬1㎝大小。
❷ 將①放在蕎麥粉瓦片上。
❸ 塗上塔塔醬（混合材料）。擠上蕃茄乳酪醬（省略解說），擺上薑脆片（混合薑末和米煮成粥狀，薄薄地延展開來使其乾燥，之後撕小片再用210℃的油來炸）與馬鬱蘭，撒上咖哩粉。
❹ 將鰈魚骨放在盤中，放上③。

螃蟹與胺基酸

（彩頁 P.142-143）

—

鹽檸檬風味的螃蟹

❶ 將蒸好的母松葉蟹肉撕開。
❷ 用鹽檸檬、紅蔥頭、細香蔥（全部切末）與美乃滋攪拌蟹肉絲、蟹黃以及蟹卵。

鹽檸檬

以整體分量8%的鹽巴醃漬帶皮綠檸檬片3個月。

白花椰菜慕斯

用昆布高湯煮白花椰菜，放入攪拌器攪打，然後過篩成泥狀。以2：1的比例，在白花椰泥中混入打發起泡的鮮奶油（38%），再用鹽巴調味。

蕃茄魚醬泡泡

蕃茄水…400ml
魚醬…20ml
檸檬汁…約10ml
乳清…20ml
乾燥蛋白…1小匙多

混合所有材料，用攪拌棒打發起泡。

甲殼類清湯凍

❶ 用烤箱烤螃蟹殼或蝦殼。和西洋芹、蛋白混合，再用攪拌器攪打。
❷ 在甲殼類高湯中加入①，煮30～40分鐘。用紙過濾成清澈的液體。
❸ 加入整體分量1.2～1.5%的吉利丁，再用鹽巴調味，之後倒入淺盤中冷卻凝固。

最後步驟

將用慕斯圈取型的片狀清湯凍放在殼上，盛入螃蟹。放上白花椰菜慕斯，撒上炒麵包粉和細香蔥，最後疊上蕃茄魚醬泡泡。

鰆魚與菊芋 ～韃靼～

（彩頁 P.144-145）

—

鰆魚的事前處理

❶ 讓鰆魚排裹上混合甜菜糖的鹽巴，靜置2小時。水洗後擦乾，裝進真空袋，在冰溫下熟成1週。
❷ 放入調理盆中後包上保鮮膜。用煙燻槍從縫隙注入煙霧，靜置15分鐘，之後再重複1次相同步驟。
❸ 裝進真空袋，在冰溫下熟成1週。

菊芋醬汁

菊芋泥…200g
A［白味噌…30g
　 美乃滋…70g
白酒醋…適量

在菊芋泥（炒紅蔥頭與菊芋，加入剛好淹過食材的雞高湯一起煮。用攪拌器攪打之後過濾）中混入A，以白酒醋、鹽巴調味。

菊芋慕斯

以2：1的比例，在菊芋醬汁（前述）中混入打發起泡的鮮奶油（38%）。

最後步驟

❶ 將熟成的鰆魚切丁，和紅蔥頭、細香蔥（切末）混合，拌入菊芋慕斯。以鹽巴與白酒醋調味。
❷ 在盤中抹上菊芋醬汁，放上①。疊上慕斯，再貼上裸炸菊芋片。之後撒上菊花、細香蔥與黑萊姆粉（用竹籤在萊姆表面戳洞，以55℃的乾燥機加熱2週。用辛香料專用的研磨機將皮磨成粉）。

河豚與百合根 ~韃靼~

(彩頁 P.146-147)

—

韃靼河豚

河豚昆布締(切小丁)…60～70g
水煮河豚皮(切末)…少量
松露(切末)…少量
紅蔥頭(切末)…1小匙
細香蔥(切末)…少量
百合根醬汁…1大匙
松露油…少量
鹽巴…適量

❶〈事前處理〉在河豚魚排上裹滿鹽巴，醃漬90分鐘。水洗後用以日本酒擦拭過的昆布夾住，裝進真空袋，在冰溫下靜置12小時。取下昆布，再次裝進真空袋，在冰溫下熟成2天以上。
❷〈河豚皮〉水煮河豚皮。柔軟的部分要做成韃靼。其餘放入55℃的乾燥機中乾燥2天，然後油炸。
❸〈韃靼〉混合材料。

百合根醬汁與百合根慕斯

❶用昆布高湯煮百合根，再放入攪拌器攪打，然後壓成泥狀過篩。
❷〈醬汁〉在①中加入美乃滋、白酒醋與鹽巴。
❸〈慕斯〉以2：1的比例，在①中混入打發起泡的鮮奶油(38%)。

快速醋漬百合根

❶混合白酒醋、水與砂糖煮沸，靜置冷卻備用。
❷一片片地剝下百合根的鱗片蒸熟。撒上鹽巴，趁熱浸泡在①中。

最後步驟

❶在玻璃杯(或盤子)中鋪入少量的百合根醬汁，放上韃靼河豚以及百合根慕斯。
❷擺上帕達諾乳酪法式薄餅(用平底鍋煎乳酪屑，分割成適當的大小)、松露棒、快速醋漬百合根與義大利荷蘭芹苗。最後添上炸河豚皮。

小烏賊與土當歸

(彩頁 P.148-149)

—

煎小長槍烏賊

❶〈事前處理〉先將小長槍烏賊處理乾淨，身體裝進真空袋冷凍1週。之後解凍。
❷出餐之前，在熱好的平底鍋中倒入橄欖油，將①的兩面快速煎過。
❸同時用荷蘭芹奶油(參考P.235「法式焗蠑螺…」)炒紅蔥頭末，和②混合。

墨魚醬汁

在墨魚醬汁(P.230)中加入整體分量約20%的大蒜辣椒醬(P.230)，調整味道。

土當歸泥與醋漬土當歸

❶〈泥〉用橄欖油炒紅蔥頭末和土當歸薄片，加入雞高湯一起煮。用攪拌器攪打後過濾，以鹽巴調味。
❷〈醋漬〉混合白酒醋、鹽巴與砂糖煮沸，之後加入土當歸丁(用熱鹽水煮過後瀝乾)醃漬。

烏賊風味米脆片

用攪拌器攪打烏賊腳，再混入粥中。在烘焙紙上塗抹攤平，放入55℃的乾燥機中乾燥2天。分割成適當大小，以210℃的油來炸。

最後步驟

將直徑分別為8㎝、3㎝的慕斯圈重疊放入盤中。在外側倒入土當歸泥，中央倒入墨魚醬汁。取下慕斯圈，在泥上擺放煎烏賊、醋漬土當歸、汆燙土當歸葉尖與烏賊風味米脆片。

牡蠣

（彩頁 P.150-151）

—

油漬牡蠣

牡蠣…10個
大蒜（去皮）…1瓣
馬告*…3粒
佩德羅西梅內斯酒醋…20ml
鮪魚乾紅酒醬汁…30 ～ 40ml
檸檬香料油…200ml

＊產自台灣的辛香料，帶有辛辣味、苦味，以及香茅般的香氣。別名「山胡椒」。

❶ 打開牡蠣殼（肉汁要保留備用），取出肉清洗乾淨。
❷ 在牡蠣肉上撒鹽巴，和大蒜一起用橄欖油炒。以中～大火確實煮熟後，加入馬告、佩德羅西梅內斯酒醋與鮪魚乾紅酒醬汁熬煮。
❸ 在裝有檸檬香料油的容器（置於冰水上）中放入②，靜置冷卻。
❹ 靜置2週以上。

鮪魚乾紅酒醬汁

昆布、小魚乾與蔬菜高湯…5L
紅酒…2L
馬德拉酒…1L
鮪魚乾（削薄片）…適量

❶〈昆布、小魚乾與蔬菜高湯〉將隨意切塊的白菜和蘑菇薄片用乾燥機乾燥。和昆布、小魚乾一起放入冷水煮1小時，然後過濾。
❷ 在鍋中混合紅酒和馬德拉酒熬煮。加入①稍微煮過，做成基底。
❸ 使用時，取出需要的基底分量加熱，在沸騰前加入分量5%的鮪魚乾，保持80℃煮約20分鐘後過濾。

自製蠔油

未使用到的牡蠣…100g
紅蔥頭（切末）…50g
大蒜…1瓣
A［佩德羅西梅內斯酒醋…50ml
　 油漬牡蠣的沉澱物…50ml

❶ 用橄欖油炒紅蔥頭、大蒜與牡蠣，加入A稍微煮過。
❷ 用攪拌器攪打後過濾。

牡蠣風味米脆片

在粥中混入適量自製蠔油，在烘焙紙上塗抹攤平，放入55℃的乾燥機中乾燥2天。分割成適當大小，以210℃的油來炸。

蕃茄泡泡

在蕃茄水中加入牡蠣肉汁（煮沸）與檸檬汁來增添風味。加入乾燥蛋白，以手持電動攪拌棒打發起泡。

最後步驟

藜麥（炊煮後用橄欖油炒）
醋漬紅洋蔥（切末）
開心果（切粗末）

❶ 將油漬牡蠣迅速煎過以加熱。
❷ 在牡蠣殼中鋪入藜麥，淋上自製蠔油。盛入①，放上紅洋蔥與開心果。插上牡蠣風味米脆片，放上蕃茄泡泡。最後擺上西洋芹苗。

魩仔魚與白蘆筍

（彩頁 P.152 -153）

—

料理的組成

白蘆筍
新鮮魩仔魚
海藻奶油（伯迪耶）
紅蔥頭（切末）
細香蔥（切末）
自製蠔油（參考左方）
牡蠣風味米脆片（參考左方）
A［烘烤杏仁片
　 萊姆果肉（切丁）
　 西洋芹苗

❶ 剝去白蘆筍的表面，再切掉根部。用熱鹽水煮8分鐘。切成長2 ～ 3㎝段。
❷ 用海藻奶油炒紅蔥頭，加入魩仔魚、細香蔥與鹽巴快速拌炒，然後關火。
❸ 在盤中倒入少量自製蠔油，放上①、盛上②。添上牡蠣風味米脆片，最後以A做裝飾。

4年生扇貝
（彩頁 P.154-155）

—

煎扇貝貝柱

❶ 將扇貝貝柱冷凍1週。
❷ 在解凍的扇貝貝柱表面劃入格子狀切痕，之後撒上鹽巴。用倒入橄欖油的鐵板先將單面煎約1分鐘，翻面再煎約30秒。繼續用明火烤爐加熱，讓內部呈現半生狀態。
❸ 用湯匙分成2～3塊。

荷蘭芹風味馬鈴薯泥

❶ 將煮過的馬鈴薯過篩成泥狀，和奶油一起放入鍋中，加熱時要用插上大蒜的叉子攪拌，使其融合。加入適量鮮奶油與鹽巴。
❷ 在①中加入荷蘭芹泥（荷蘭芹水煮後和適量煮汁一起用攪拌器攪打）。

蕃紅花風味大蒜辣椒醬

在大蒜辣椒醬（P.230）加入蕃紅花。

扇貝肉汁泡泡

❶ 用烤箱烤扇貝的外套膜。放入鍋中，加入分量約2倍的魚高湯煮30～40分鐘後過濾。
❷ 加熱①，加入適量鮮奶油（38%）與奶油，用手持電動攪拌器打發起泡。

最後步驟

❶ 在扇貝殼中倒入荷蘭芹風味馬鈴薯泥，放入扇貝貝柱。
❷ 擺上撕開的炸金針菇與蕃紅花風味大蒜辣椒醬。添上扇貝肉汁泡泡，最後撒上義大利荷蘭芹苗。

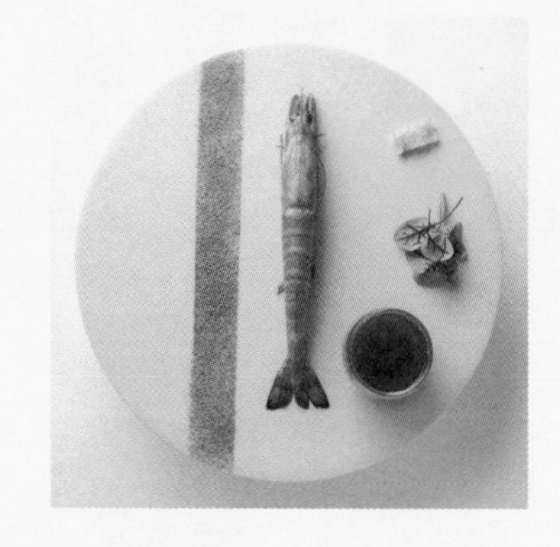

鹽焗明蝦
（彩頁 P.156-157）

—

鹽焗燒明蝦

活明蝦…2條
昆布…適量

A
- 昆布高湯…500ml
- 干邑白蘭地…50ml
- 糖漿（30度）…50ml

B
- 岩鹽…1kg
- 低筋麵粉…50g
- 蛋白…100g

❶ 混合A，將明蝦浸泡其中，醃漬4～5小時。
❷ 從醃漬液中撈起明蝦，在殼的內側串上竹籤，再以用日本酒擦拭過的昆布包起。
❸ 混合B，攤平在烤盤上，之後放上②，用B將整體密實地包覆固定住，做成鹽焗。
❹ 放入220℃的烤箱烤12分鐘。
❺ 以明火烤爐加熱6分鐘，再置於燈下靜置6分鐘。用鐵籤插入鹽焗以確認熟度。
❻ 將蝦子從鹽焗中取出，拔掉竹籤。

蝦鹽

乾炒明蝦殼以及鹽巴，放入攪拌器攪打，再用研磨機磨成細粉。

蝦子清湯

❶ 將整條明蝦切段用烤箱烤，和西洋芹、蛋白一起用攪拌器攪打。
❷ 在甲殼類高湯中加入①，煮30～40分鐘。用紙過濾成清澈的液體，以鹽巴調味。

最後步驟

將蝦鹽在盤中撒成帶狀，盛上明蝦。添上鹽檸檬（P.231）以及沙拉（用油醋醬攪拌紅脈酸模）。另外附上蝦子清湯。

法式焗蠑螺

（彩頁 P.158-159）

—

法式焗蠑螺

❶ 清洗蠑螺，開口朝上擺放在鋪有昆布的鍋子中。倒入日本酒，蓋上蓋子蒸煮。之後從殼中取出肉，切下肝，將肉切成一口大小。
❷ 在平底鍋中放入①的肉和荷蘭芹奶油（混合義大利荷蘭芹、麵包粉與奶油凝固而成），一邊加熱一邊攪拌。

蠑螺肉汁泡泡

在蠑螺的蒸汁中加入分量30 ～ 40%的鮮奶油，稍微煮過並以鹽巴調味。用手持電動攪拌棒打發起泡。

蛤蜊清湯

❶ 將蛤蜊和紅蔥頭末一起炒，加入白酒煮到開殼便過濾湯汁。
❷ 湯汁置於鍋中以蛋白去除雜質後用布過濾。加入蕃紅花，以鹽巴調味。

行者大蒜油

❶ 將行者大蒜和E.V.橄欖油裝進真空袋，以68℃的熱水加熱。
❷ 用攪拌器攪打後過濾。

最後步驟

長棍麵包塊
清湯煮黑米
乾燥蕃茄（油漬／切小丁）

❶ 在蠑螺殼中放入長棍麵包塊、清湯煮黑米（用蛤蜊清湯煮已經煮好的黑米），盛上法式焗蠑螺和肝。
❷ 淋上行者大蒜油，加入乾燥蕃茄與蛤蜊清湯。最後盛上蠑螺肉汁泡泡。

星鰻小黃瓜

（彩頁 P.160-161）

—

煎星鰻

❶ 剖開星鰻。在魚排的皮上淋熱水，去除黏液。
❷ 將好幾片魚排緊密地排擺在淺盤中（皮面朝上），壓上重物蒸熟。靜置冷卻（肉會黏成一整片）。
❸ 用直徑8㎝的慕斯圈將②切成圓形後，用廚房紙巾去除水分。讓皮朝下，用倒入橄欖油的平底鍋煎成金黃色，再撒上鹽巴。

小黃瓜醬汁

小黃瓜…1.5根
白酒醋…2小匙
糖漿…少量
增稠劑（Gelespessa）…適量
檸檬香料油…40 ～ 50ml

將檸檬香料油之外的材料和鹽巴放入攪拌器攪打，最後再慢慢地加入檸檬香料油攪拌。冷卻。

快速醃漬小黃瓜

在出餐前將小黃瓜切成厚5㎜的圓片，撒上鹽巴、淋上少許白酒醋。

梅子醬

燉煮完全成熟的梅子（1kg）和砂糖（600g），去籽後用攪拌器攪打。

海苔

將板海苔切成長方薄片，在表面撒上愛素糖，用明火烤爐來烤。

最後步驟

將煎星鰻盛盤，把醃漬小黃瓜排放成像花瓣一樣。放上少量梅子醬，擺上海苔與蒔蘿。倒入小黃瓜醬汁。

黑鮑魚與黑松露

（彩頁 P.162-163）

—

松露糯米粉炸蒸鮑魚

❶ 從殼中取出鮑魚並處理乾淨。將貝柱放在殼中，淋上日本酒，蓋上昆布蒸約6小時。肝要另外淋上酒蒸熟。
❷〈醬汁〉將蒸汁（肉汁）放入鍋中，熬煮成一半的量。加入適量鮮奶油和奶油增加濃度，以鹽巴調味。
❸ 讓蒸鮑魚裹上打散的蛋白，整個沾滿松露糯米粉。之後裹上蛋白再次沾粉，接著油炸後對切。

松露糯米粉

松露皮和碎屑…150g
鹽巴…15～20g
松露油…適量
糯米粉…適量
竹炭粉…適量

❶ 將松露的皮和碎屑、鹽巴放入食物調理機攪打。加入松露油後，繼續稍微攪拌。
❷ 在①中混入糯米粉與竹炭粉。

松露菊芋奶油霜

❶ 在菊芋泥（炒紅蔥頭與菊芋，加入剛好淹過食材的雞高湯一起煮。用攪拌器攪打後過濾）中，加入分量20～30%、打發起泡的鮮奶油（38%）稀釋。
❷ 加入松露（切末）與鹽巴。

最後步驟

❶ 在盤中抹上松露菊芋奶油霜，放上鮑魚，添上少量醬汁。
❷ 放上裸炸菊芋脆片、松露片與義大利荷蘭芹苗。

褐石斑魚佐大蒜鯷魚醬

（彩頁 P.164-165）

—

鐵板煎褐石斑魚

❶〈事前處理〉讓褐石斑魚的魚排裹滿鹽巴，靜置30～40分鐘。用水清洗後擦乾。裝進真空袋，在冰溫下熟成10天～2週。
❷ 分切成約180g（2人份）。撒上鹽巴，用倒入橄欖油的鐵板煎皮面。過程中要用鏟子按壓，花約10分鐘將皮煎成金黃色，最後將2側壓向鐵板迅速煎過。改用明火烤爐（讓肉朝上）加熱到內部溫熱為止。最後再次用鐵板煎脆皮面。

鯷魚風味醬汁

A
- 大蒜（切末）…1瓣
- 紅蔥頭（切末）…40g
- 蘑菇（切末）…40g
- 鷹爪辣椒…1根
- 鯷魚魚片…50g
- 鯷魚罐頭的油…適量

娜利普萊苦艾酒…50ml
白酒…50ml
沙丁魚清湯…200ml
鮮奶油（38%）…100ml
美乃滋

❶〈基底〉炒A並依序加入娜利普萊苦艾酒與白酒熬煮。加入沙丁魚清湯熬煮到剩下4成左右的量，加入鮮奶油煮沸。放入攪拌器攪打後過濾，靜置放涼。
❷ 在①中加入適量美乃滋稀釋，以鹽巴調味。

沙丁魚清湯

青背魚海鮮湯底…3L
沙丁魚骨…約500g
西洋芹…100g
蛋白…300g

❶〈青背魚海鮮湯底〉使用沙丁魚、鯖魚等青背魚的魚骨，以及不適合熟成的整條沙丁魚。將所有材料用烤箱烤，接著放入鍋中加入昆布高湯，煮約1小時後過濾。
❷ 用烤箱烤沙丁魚骨，加入西洋芹與蛋白，用攪拌器攪打。
❸ 在①中加入②，開火煮30～40分鐘。用紙過濾成清澈的液體。

顆粒橄欖醬

A
- 松子（切粗末）
- 杏仁（切粗末）
- 醋漬酸豆（切粗末）
- 綠橄欖（切粗末）

B
- 大蒜（切末）
- 帕達諾乳酪（磨成屑）

E.V.橄欖油

混合A（幾乎皆等量），加入適量的B，用E.V.橄欖油攪拌。

最後步驟

❶ 在盤中倒入鯷魚風味醬汁。將煎好的褐石斑魚切成一半的厚度盛盤，擺上糖漬檸檬皮與炸褐石斑魚鱗。
❷ 添上顆粒橄欖醬以及茴香沙拉，擺上蒔蘿。
❸ 另外附上加熱過以鹽巴調味的沙丁魚清湯。

鰆魚　海瓜子　海苔

（彩頁 P.166-167）

—

鐵板煎鰆魚

參考彩頁。

海瓜子肉汁

將1kg帶殼的海瓜子，跟大蒜、適量的紅蔥頭和西洋芹（切薄片）一起用橄欖油炒，然後加入100ml的白酒。待酒精揮發後便加入500～600ml的魚高湯煮約8分鐘。過濾煮汁，取下海瓜子肉。

海瓜子肉汁泡泡

海瓜子的肉汁…200ml

A
- 大蒜（切半，去芯）…1瓣
- 紅蔥頭（切薄片）…1個
- 西洋芹（切薄片）…30g

白酒…50ml

鮮奶油（38%）…適量

用橄欖油和奶油小火慢炒A，加入白酒熬煮，接著加入海瓜子的肉汁熬煮成一半的量。加入鮮奶油煮滾後過濾，調整味道。用攪拌棒打發起泡。

海瓜子風味燉飯

用奶油炒米飯，加入剛好淹過食材的海瓜子肉汁（用水調整濃度）去煮。加入帕達諾乳酪（磨成屑）、菠菜（切末再炒過），撒上鹽巴與胡椒。再加入海藻奶油（伯迪耶）以及石蓴海苔。

最後步驟

❶ 在盤中盛入燉飯，放上切好的鰆魚、糖煮金柑泥、西洋芹苗。

❷ 添上海瓜子與糖漬小蕃茄，倒入荷蘭芹油，最後盛上肉汁泡泡。

粉煎白帶魚

（彩頁 P.168-169）

—

白帶魚的事前處理～粉煎

❶ 將白帶魚切成魚排，撒上鹽巴，靜置約15分鐘。去除水分後裝進真空袋，在冰溫下熟成3～4天。

❷ 將①修整成長15㎝大小。邊材要用攪拌器攪打，然後過篩成泥，用來製作填餡。

❸ 用②捲起填餡，用保鮮膜包起來，以60℃的熱水煮10分鐘。

❹ 讓③裹上低筋麵粉，用倒入橄欖油和奶油的平底鍋邊煎邊翻動。再改用明火烤爐加熱到內部也溫熱。

填餡

A
- 白帶魚肉泥…100g
- 扇貝貝柱泥…100g

B
- 蛋白…45g
- 鮮奶油（38%，打發起泡）…100g

香菇醬…30g

❶ 在置於冰水上的調理盆中混合A，將B依序加入，用打蛋器攪拌。以鹽巴調味。

❷ 在①中加入香菇醬。

紅酒醬汁

A
- 紅蔥頭（切末）…20g
- 馬德拉酒…50ml
- 白酒…30ml

鮪魚乾紅酒醬汁（P.233）…30ml

將A放入鍋中混合熬煮。加入鮪魚乾紅酒醬汁稍微煮過，再以鹽巴與胡椒調味。

四季豆泥

將用熱鹽水煮過的四季豆、適量的檸檬香料油、昆布與小魚乾高湯，一起放入攪拌器攪打。

焦糖洋蔥粉

❶ 用奶油小火慢炒洋蔥末約2小時，炒出深濃的色澤。

❷ 薄薄地在烘焙紙上塗抹攤平，放入乾燥機乾燥2天。

❸ 用攪拌器打成粉末。

最後步驟

❶ 在盤中倒入四季豆泥，放上白帶魚。

❷ 滴上紅酒醬汁、行者大蒜油（P.235），撒上焦糖洋蔥粉。添上四季豆沙拉，最後將紅脈酸模放在魚上面。

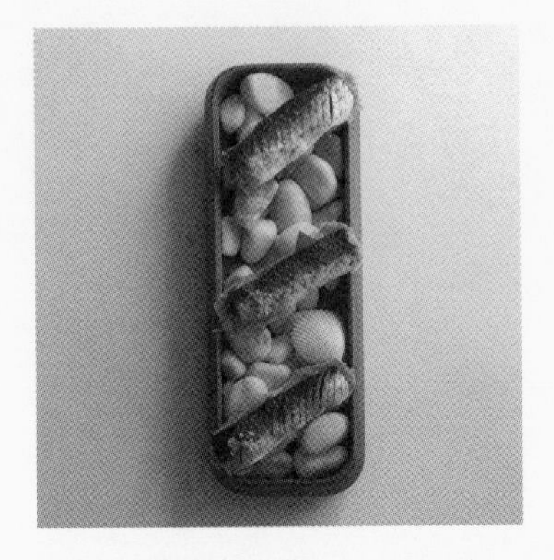

南美擬沙丁魚Coca麵包

（彩頁 P.172-173）

—

醃漬南美擬沙丁魚

南美擬沙丁魚
A
- 蘋果醋…400ml
- E.V.橄欖油…100ml
- 水…100ml
- 大蒜（切片）…2片
- 黑胡椒…適量

E.V.橄欖油

❶ 剖開南美擬沙丁魚，用鹽巴醃15分鐘，再用A的醃漬液醃5分鐘，之後淋上E.V.橄欖油靜置1晚。
❷ 去除魚背的背脊部分，切成長方形，在皮上劃入切痕。

荷蘭芹Mojo醬

義大利荷蘭芹的葉子…60g
大蒜（水煮過）…10g
麵包（烤過）…3g
E.V.橄欖油…200ml
鹽巴…5g

混合材料，用攪拌棒攪拌。

Coca麵糰

A
- 水…190ml
- 新鮮酵母…30g
- 奶油…20g
- 砂糖…3g

高筋麵粉…250g
鹽巴…5g
E.V.橄欖油、馬爾頓鹽

❶ 混合A，加熱到42℃。
❷ 在混合高筋麵粉和鹽巴的調理盆中倒入①混合均勻。蓋上濕布，於溫暖處靜置40分鐘～1小時發酵。
❸ 用抹刀薄薄地延展開來，塗上E.V.橄欖油，撒上馬爾頓鹽。用160℃的烤箱烤10～15分鐘。

烤茄子泥片

烤茄子…150g
E.V.橄欖油…100ml
水…50ml
烘烤松子…20g
增稠劑（Gelespessa）…適量
鹽巴、胡椒…適量
吉利丁…5g

❶〈烤茄子〉在賀茂茄子撒上E.V.橄欖油和鹽巴，用180℃的烤箱邊烤邊翻面。靜置30分鐘後去皮。
❷ 將①和吉利丁之外的材料放入攪拌器攪打。
❸ 將用水泡發的吉利丁放入鍋中煮到溶解，然後和②混合。
❹ 倒入模具中（高度5㎜），冷卻凝固。

最後步驟

配合Coca麵包的形狀，將烤茄子泥片切好放上，疊上切成小片的酸模。擺上抹了荷蘭芹Mojo醬的沙丁魚，以香雪球做裝飾後盛盤。

軟煮章魚
佐墨魚汁脆片
與西班牙紅甜椒醬

（彩頁 P.174-175）

—

章魚的事前處理

章魚的腳…3～4條
A
- 水…1L
- 鹽巴…20g
- 洋蔥…1/2顆
- 丁香（插在洋蔥上）…2支
- 月桂葉…1片
- 軟木（為幫助章魚發色）…1個

❶ 章魚用太白粉和鹽巴揉搓、處理乾淨後，冷凍3天→在低溫的冷藏室慢慢解凍→冷凍3天→冷藏室解凍。
❷ 準備大小剛好能讓章魚腳泡進去的鍋子，放入A煮沸。燉煮章魚腳45分鐘（步驟參考彩頁）。泡在液體中靜置放涼。

墨魚汁脆片

米…350g
水…1.5L
墨魚汁糊…適量

❶ 將所有材料放入鍋中煮20分鐘。靜置20分鐘後用攪拌器攪打，延展成小小的薄片，置於溫暖處風乾。
❷ 用尺寸不同的湯勺夾住①，以200℃的油來炸。

西班牙紅甜椒醬

混合西班牙紅甜椒、等量的膏狀奶油以及分量1%的馬爾頓鹽，用攪拌器攪打。

最後步驟

在脆片上撒鹽巴，擠上西班牙紅甜椒醬，疊成2層後放上章魚圓片，添上酢漿草。

油炸鱈魚泥
(彩頁 P.176-177)

—

鱈魚泥

鹽醃鱈魚（去鹽）…250g
大蒜（去芯切片）…25g
E.V.橄欖油…70ml
鮮奶油（35%）…適量（約25ml）

❶ 鹽醃鱈魚要先泡水，放在4℃以下的冷藏室去除鹽分後再使用。連皮切丁再放入鍋中，注入剛好淹過食材的水量，以小火加熱。等到水溫達到54℃就加以過濾。用手撕開肉，去皮。
❷ 同時用其他鍋子加熱蒜片和E.V.橄欖油，待大蒜變成金黃色就加以過濾。
❸ 用攪拌棒讓①和②乳化，之後加入鮮奶油，以鹽巴調味，倒入直徑3㎝的半球型模具中冷凍。

油炸麵糊

混合低筋麵粉50g、速發酵母7g與溫水120ml，置於溫暖處發酵。

檸檬大蒜蛋黃醬

使用手持電動攪拌棒讓E.V.橄欖油180ml、全蛋1顆、檸檬汁10m、少量大蒜、適量鹽巴和胡椒乳化。

最後步驟

❶ 將牙籤插入冷凍好的半球，裹上低筋麵粉、沾取油炸麵糊，以200℃的E.V.橄欖油油炸。
❷ 瀝油，撒上鹽巴。拿掉牙籤，放上檸檬大蒜蛋黃醬，以繁星花裝飾後盛入容器。

油封鮟鱇魚肝
佐馬蜂橙蛋白霜
(彩頁 P.178-179)

—

油封鮟鱇魚肝

鮟鱇魚肝
A
- 紅蔥頭（切片）…1/2個
- 大蒜（切片）…1/2瓣
- 鷹爪辣椒…少量
- 鹽之花…5g
- E.V.橄欖油…400ml
- 奶油雪莉酒…130ml

❶ 將切成適當大小的鮟鱇魚肝泡在45℃的流水中5分鐘。剝掉薄皮，用兩手夾住，等到血浮出來就用熱水沖洗乾淨。反覆處理到按壓也沒有血冒出來為止。
❷ 將A和①的鮟鱇魚肝放入Vermicular Ricepot電子鍋中。蓋上以烘焙紙做成的落蓋加熱，等達到60℃便將鮟鱇魚肝上下翻面，再以80℃加熱20分鐘。直接泡在液體中放涼。

馬蜂橙蛋白霜

馬蜂橙葉…8片
水…150ml
愛素糖…50g
砂糖…40g
乾燥蛋白…15g

❶ 將馬蜂橙葉和水放入鍋中加熱，煮沸後關火。蓋上保鮮膜靜置15分鐘，讓香氣轉移。
❷ 在鍋中放入愛素糖和砂糖使其焦糖化，然後加入50ml的①。
❸ 用桌上型攪拌器將100ml的①和乾燥蛋白打發起泡，然後加入②繼續打發，做成義式蛋白霜。
❹ 擠出圓圓的蛋白霜，以50℃的乾燥機烘乾。

焦糖白芝麻

將砂糖40g和水60ml加熱到118℃，混入100g的炒白芝麻。等到質地變鬆散就再次開火，加熱到焦糖化為止，然後在矽膠墊上攤平放涼。

最後步驟

用刨刀將馬蜂橙蛋白霜的表面磨平（為使其穩定），放上切好的油封鮟鱇魚肝。將焦糖白芝麻弄碎放上去，以香雪球裝飾後盛入容器。

螃蟹舒芙蕾

（彩頁 P.180-181）

—

毛蟹的事前處理

從毛蟹的嘴巴注入醋，使其斷氣（為防止水煮時吸收水分，而讓肉變得水水的）。用濃鹽水煮（毛蟹1kg煮約25分鐘），取出所有蟹肉撕開。

焦糖洋蔥

將洋蔥放入食物調理機中攪打，然後和等量的水、適量E.V.橄欖油一起熬煮1～1小時半，直到變成焦糖色。

梭子蟹魚湯

梭子蟹…5隻
日本後海螯蝦的頭…1kg
A ┌ 洋蔥…500g
　│ 大蒜…200g
　│ 西洋芹…150g
　└ 韭蔥…150g
白蘭地…少量
魚湯…5L
麵包（烤過）…200g

❶ 弄碎甲殼類拌炒。加入用其他鍋子炒過的A香味蔬菜（切2㎝見方的小丁）混合。
❷ 淋上白蘭地點燃，倒入魚湯（將魚骨、洋蔥、荷蘭芹的莖與白酒，水煮30分鐘後過濾）。
❸ 沸騰後撈除浮沫，加入麵包煮15分鐘。用手持電動攪拌棒攪拌浮在上面的麵包，使其融入湯中。
❹ 一邊按壓一邊過濾。

蕃茄醬汁

炒洋蔥、青椒與大蒜，加入白酒煮到酒精揮發後，加入整顆蕃茄和生火腿的骨頭熬煮，以鹽巴與胡椒調味，最後將骨頭之外的材料用攪拌器攪打。

燉毛蟹

煮毛蟹肉和蟹膏…200g
焦糖洋蔥…50g
白蘭地…適量
梭子蟹魚湯…400ml
蕃茄醬汁…200g
麵包粉…適量

❶ 加熱焦糖洋蔥，倒入白蘭地點燃。加入梭子蟹魚湯和蕃茄醬汁。
❷ 放入煮毛蟹肉和蟹膏一起煮，以麵包粉調整濃度。用鹽巴調味。

舒芙蕾麵糊

混合全蛋175g、砂糖12g確實打發，然後加入蜂蜜12g與水175ml。混入過篩好的高筋麵粉250g（＋鹽巴4g），裝入虹吸氣壓瓶中。

美乃滋

混合全蛋1顆、梭子蟹魚湯50ml、E.V.橄欖油200ml與適量鹽巴，用攪拌棒打至乳化。

最後步驟

❶ 用鐵板煎加了燉毛蟹的舒芙蕾（步驟參考彩頁）。
❷ 將美乃滋放在①上，盛入容器。

螢火魷與焦糖洋蔥布丁
佐炭烤洋蔥清湯

（彩頁 P.182-183）

—

炙燒螢火魷

快速汆燙螢火魷，用噴槍炙燒。

烤洋蔥清湯

❶ 切掉洋蔥的上下兩端，用刀子在上面劃出十字切痕，薄薄地塗上E.V.橄欖油，用烤盤烤那面。過程中要將洋蔥轉向90度。對側面也要烤。
❷ 擺放在耐熱容器中，包上保鮮膜並戳幾個洞，以115℃的烤箱加熱6小時後過濾。

焦糖洋蔥布丁

基底…115ml
┌ 焦糖洋蔥
└ 雞清湯
牛奶…50ml
全蛋…1顆

❶ 〈基底〉將焦糖洋蔥（參考左方）和分量3倍的雞清湯，放入攪拌器攪打後過濾。
❷ 混合材料。倒入盤中，以90℃的蒸氣烘烤爐加熱10分鐘。

最後步驟

將炙燒螢火魷放在布丁上。撒上烘烤核桃，添上糖漬小蕃茄（橫向對切，撒上E.V.橄欖油、蒜片、百里香、鹽巴與糖粉，以85℃的烤箱加熱）。加熱烤洋蔥清湯，以鹽巴調味後淋上。滴入E.V.橄欖油。

長槍烏賊鑲血腸
佐濃郁墨魚醬汁

（彩頁 P.184-185）

—

血腸

❶ 清洗豬的內臟類（豬頭皮、舌頭、臉頰肉、頸肉、肺、胃與心臟），在加了鹽巴和醋的水中浸泡1晚。徹底洗淨，煮到軟化。
❷ 剁成肉醬，和鹽醃豬背脂丁、豬血、鹽巴（總量1kg：20g的鹽巴）與黑白胡椒（總量1kg：各2g的胡椒）混合。
❸ 放入凍派模具中，蓋上鋁箔紙，以160℃的烤箱隔水烤45分鐘～1小時。

烏賊的事前處理

❶ 長槍烏賊去皮並處理乾淨內部，冷凍3天後放在冷藏室解凍（為了軟化）。
❷ 用鐵板快速煎過表面。
❸ 用微波爐稍微加熱血腸使其軟化，然後填入烏賊身體裡，放入冷藏室使其緊實。

墨魚醬汁

長槍烏賊的邊材…400g
A
- 蕃茄…200g
- 青椒…3顆
- 焦糖洋蔥（P.240）…70g
- 大蒜…20g
- 義大利荷蘭芹…10g
- 雪莉酒（Fino）…150ml

墨魚汁糊…適量
竹炭粉…適量
水…1.5L
米…30g
木薯粉…適量

❶ 鍋子加熱至高溫，倒入E.V.橄欖油，將長槍烏賊的邊材切末後迅速炒過。
❷ 用攪拌棒將A打成泥狀，加入一起煮20分鐘。
❸ 混入墨魚汁糊和竹炭粉，加入熱水與米，煮滾後再煮15分鐘。放入攪拌器攪打，用篩孔小的圓錐形漏勺過濾。
❹ 以鹽巴調味，用溶於水的木薯粉增加濃度，滴入雪莉酒（分量外）。

最後步驟

❶ 將長槍烏賊鑲血腸切成圓片，單面沾上粗粒杜蘭小麥粉。在鐵板上鋪烘焙紙，倒入E.V.橄欖油煎沾粉那面，煎到一定程度就翻面。最後改用明火烤爐加熱。
❷ 將①盛盤，淋上醬汁，添上海膽。

炭烤鰹魚

（彩頁 P.186-187）

—

炭烤鰹魚

❶ 鰹魚切成3片，將魚排肉分成背部和腹部，修成塊狀。去除血合肉。
❷ 讓魚排的皮朝下擺放，切下上方突起的部分，使其平坦。金三角部位要留下來。
❸ 串上鐵籤，撒上鹽巴。用點燃葡萄樹枝的炭床烤皮面約50秒，之後翻面稍微烤魚肉。
❹ 讓皮面朝下移到砧板上，拔掉鐵籤，分切成約1.5㎝寬度。

煙燻洋蔥醬汁

洋蔥帶皮水煮後剝散，煙燻3分鐘。將洋蔥120g、鮮奶油（35%）24ml、E.V.橄欖油12ml和適量的鹽巴、胡椒，一起放入攪拌器攪打。

醋漬綠辣椒醬汁

醋漬綠辣椒（不含汁）…1瓶
洋蔥…10g
西洋芹…10g
小黃瓜…6㎝的量
大蒜…1瓣
義大利荷蘭芹的葉子…3g
麵包…用水150ml泡發40g的麵包
芥末籽…6g
E.V.橄欖油…100ml
鹽巴、胡椒…適量
增稠劑（Gelespessa）…少量

洋蔥和綠辣椒的辛香佐料

將洋蔥、醋漬綠辣椒以及義大利荷蘭芹切末後混合，用鹽巴和E.V.橄欖油調味。

最後步驟

將煙燻洋蔥醬汁和醋漬綠辣椒醬汁（用攪拌器攪打後過濾）倒入盤中，擺上切好的鰹魚，添上辛香佐料。

熟成螯龍蝦

（彩頁 P.188-189）

—

熟成螯龍蝦

❶ 汆燙螯龍蝦約40秒，再將肉從殼中取出來。
❷ 將混入萊姆皮屑的粗鹽鋪在淺盤上，放上白布、擺上①，再覆蓋上白布和鹽巴。放入冰箱冷藏45分鐘。
❸ 在保麗龍箱中放入喜馬拉雅岩鹽塊，放上網子。從鹽巴中取出②，在恆溫高濕櫃（濕度80%、3℃以下）中熟成1晚。

冷製螯龍蝦清湯

❶ 將切塊的螯龍蝦頭和等量的昆布水放進攪拌器攪打，裝進真空袋以90℃的蒸氣烘烤爐加熱15～25分鐘。
❷ 用白布過濾後放入鍋中，加入分量10%的蛋白和少許鹽巴去除雜質。用加厚款的廚房紙巾過濾後冷卻。

最後步驟

用噴槍稍微炙燒熟成過的螯龍蝦，切成圓片。盛入容器，倒入冷製螯蝦清湯。最後添上迷你羅勒，滴入E.V.橄欖油。

Amontillado雪莉酒蒸牡丹蝦 佐牡丹蝦與紅椒肉醬腸醬汁

（彩頁 P.190-191）

—

蒸牡丹蝦

剝掉牡丹蝦殼，串上竹籤，以放入Amontillado雪莉酒加熱的蒸籠蒸2分鐘。

牡丹蝦湯

將牡丹蝦頭250g、焦糖洋蔥（P.240）20g、奶油雪莉酒25ml與水250ml放入攪拌器攪打，煮滾後用白布過濾。

自製紅椒肉醬腸

將伊比利豬的瘦肉（松阪肉、肩胛肉）和豬背脂剁成肉醬混合，以紅椒粉（甜味和辣味）、鹽巴與胡椒調味，然後填入粗腸衣中，送入4℃左右的冰箱冷藏室熟成2週。

牡丹蝦與紅椒肉醬腸醬汁

煮沸牡丹蝦湯150ml，混入弄散的自製紅椒肉醬腸50g。加入E.V.橄欖油100ml，用手持電動攪拌器打到乳化後過濾。以鹽巴調味。

椰子水泡泡

在椰子水中加入各適量的檸檬皮屑、紅椒粉（辣味）與大豆卵磷脂，用手持電動攪拌器打發起泡。

最後步驟

將醬汁倒入盤中，盛上牡丹蝦和水煮白蘆筍。添上綠橄欖與椰子水泡泡。滴入E.V.橄欖油。

豬背脂香螯蝦 佐溫油醋醬

（彩頁 P.192-193）

—

豬背脂香螯蝦

去掉日本後海螯蝦的頭和殼，放在淺盤上用鹽醃豬油覆蓋全體，在冰箱冷藏室靜置1晚。出餐之前用230℃的烤箱加熱2～3分鐘。

溫油醋醬

豬頸肉（切丁）…200g
韭蔥（切丁）…200g
鷹爪辣椒…少量
日本後海螯蝦的頭…500g
A［雪莉醋…150ml
　 雪莉酒（Fino）…50ml
礦泉水…2L
香草束
米…50g
蛋白…液體量的10%

❶ 將豬頸肉炒到稍微上色，之後加入韭蔥和鷹爪辣椒拌炒。倒入A煮到酒精揮發。
❷ 混合螯蝦的頭和E.V.橄欖油，用熱好的鍋子來炒。加入①後倒入熱水，放入香草束、米與鹽巴。煮滾後撈除浮沫，繼續煮15分鐘。依序用大篩孔和小篩孔的圓錐形漏勺過濾。
❸ 將②放入鍋中，加入稍微打發起泡的蛋白，持續攪拌到變成80℃。煮沸後在中央挖洞並轉小火，繼續煮10～15分鐘，去除雜質。用白布過濾。

炭烤鰻魚與海鮮飯

（彩頁 P.194-195）

—

蝦子美乃滋

日本後海螯蝦的頭…1kg

A
- 焦糖洋蔥（P.240）…70g
- 蕃茄…500g
- 義大利荷蘭芹…5g
- 大蒜…30g
- 奶油雪莉酒…100ml

水…1.5L

B
- 蘋果酒醋…10ml
- E.V.橄欖油…30ml
- 增稠劑（Gelespessa）…1.5g
- 鹽巴、胡椒…適量
- 義大利荷蘭芹（切末）…適量

❶ 用E.V.橄欖油炒日本後海螯蝦的頭，然後加入用攪拌棒打過的A熬煮。加水沸騰後，繼續煮15分鐘再過濾。

❷ 以50g的①混合B，用攪拌棒攪拌。

最後步驟

在盤中盛入古斯米（混合用等量熱水泡發的古斯米、切細的紅蘿蔔、煮過的荷蘭豆與生火腿，以鹽巴和E.V.橄欖油調味）和馬鈴薯泥（馬鈴薯煮過後搗碎，用鮮奶油〔35%〕和少量奶油調味），放上螯蝦。倒入蝦子美乃滋，以三色堇裝飾。在客席倒入溫油醋醬。

鰻魚的事前處理

剖開鰻魚，在皮面上淋熱水去除黏液，然後用鉗子型的指甲刀切斷骨頭（炭烤的步驟參考彩頁）。

鰻魚湯

鰻魚的頭和骨頭…約10條份

A
- 鯛魚骨…2kg
- 豬肋排…500g
- 雞翅…200g

B
- 韭蔥（切2㎝小丁）…1/2支
- 紅蘿蔔（切2㎝小丁）…1又1/2條
- 洋蔥（切2㎝小丁）…2顆

大蒜（連皮橫向對切）…1株

C
- 淨水…4L
- 蕃茄…1顆
- 鷹嘴豆（用水泡發）…1kg（乾燥時）
- 西班牙紅椒乾（用水泡發）…2顆

❶ 用炭火烤鰻魚的頭和骨頭。

❷ 以180℃的烤箱將A烤出焦黃色澤（約30分鐘）。

❸ 在大鍋中放入B的香味蔬菜和大蒜，均勻淋上E.V.橄欖油拌炒。加入①一起炒。

❹ 將②放入③中。分別在烤盤（從肉中流出的多餘油脂要倒掉）中倒入少量熱水，將沾黏在上面的美味成分刮起來加到鍋中。

❺ 加入C煮沸後撈除浮沫，繼續煮30分鐘。關火靜置1小時，依序用大篩孔和小篩孔的圓錐形漏勺過濾（不要用力壓）。

海鮮飯

義式蔬菜調味醬…1小匙多

A
- 紅椒粉（甜味）…適量
- 蕃紅花（用鋁箔紙包起來，放入烤箱加熱）…5支
- 蕃茄泥…1大匙
- Bomba米…28g

鰻魚湯…200ml

❶ 在西班牙鐵鍋飯的鍋子（直徑16㎝）裡倒入E.V.橄欖油，放入蔬菜調味醬（以切末的洋蔥、紅椒與青椒炒製而成）拌炒。

❷ 將A加入①中炒。

❸ 倒入鰻魚湯，撒上鹽巴。沸騰後轉小火煮10分鐘，然後稍微把火轉大煮4分鐘，接著把火轉得更大加熱2～3分鐘後就完成。

最後步驟

將海鮮飯、切成圓片的甘長辣椒、切好的鰻魚混合盛盤。以萬壽菊和細香蔥的花做裝飾。

鐵板燒金線魚
佐蕃紅花清湯、
櫛瓜花鑲鹽醃豬五花
與劍尖槍魷

（彩頁 P.196-197）

—

鐵板燒金線魚

❶ 將金線魚切成3片，撒上鹽巴。讓2片的內側貼合成原本的形狀，塗上E.V.橄欖油，裝進真空袋。
❷ 以62℃的熱水加熱4～5分鐘，取出來靜置約2分鐘。
❸ 在鐵板上鋪烘焙紙，倒入E.V.橄欖油，放上②。煎將近1分半鐘後翻面，再煎約1分鐘。

櫛瓜花鑲劍尖槍魷

紅蔥頭（切末）…40g
大蒜（切末）…少量
青椒（切末）…40g
鹽醃豬五花（切條狀）…50g
蘑菇（切片）…100g
劍尖槍魷…適量
全蛋…30g
麵包粉…適量
櫛瓜花

❶ 在鍋中倒入E.V.橄欖油，將紅蔥頭和大蒜炒至通透。依序放入青椒、鹽醃豬五花與蘑菇拌炒。撒上鹽巴與胡椒。用食物調理機打成較粗的糊狀。
❷ 將①一半分量的劍尖槍魷剁碎，裹上E.V.橄欖油，以大火迅速炒過。
❸ 將②混入①中，加入胡椒、蛋液與麵包粉，靜置放涼。
❹ 在櫛瓜花中填入③，蒸4分半鐘。在表面塗抹E.V.橄欖油。

金線魚與蕃紅花清湯

金線魚骨…2kg
A ┌ 洋蔥（切片）…850g
　│ 韭蔥（切片）…90g
　└ 大蒜（連皮橫向對切）…1株
蕃茄（切6等分）…1kg
蕃紅花…12支
B ┌ 百里香…2支
　│ 月桂葉…1片
　│ 水…3L
　└ 鹽之花…30g
蛋白…液體量的10%

❶ 用E.V.橄欖油炒A。放入蕃茄熬煮。
❷ 加入金線魚骨一起炒。加入蕃紅花（用鋁箔紙包起來，放入烤箱加熱幾分鐘讓香氣散發出來）和B煮30分鐘後過濾。
❸ 依照P.242溫油醋醬③的方法去除雜質，製作出清湯。

金線魚內臟糊

❶ 炒紅蔥頭末，然後放入金線魚的內臟（卵除外）拌炒。淋上白蘭地點燃，加入蕃茄泥熬煮。
❷ 將①和E.V.橄欖油、水與黑橄欖一起放入攪拌器攪打後，再以鹽巴、胡椒調味。

醋橘風味泡泡

將醋橘醋2：水1以及適量大豆卵磷脂，用手持電動攪拌棒打發起泡。

最後步驟

將切好的金線魚和櫛瓜花盛盤。添上內臟糊、醋橘風味泡泡、琉璃苣芽。在客席上倒入清湯。

炭烤五島列島產
野生褐石斑魚

（彩頁 P.198-199）

—

醃漬液

蕃茄（磨成泥）…400g
麵包（烤過）…24g
紅椒粉（甜味和辣味）…各6g
大蒜…2瓣（約20g）
孜然…2g
E.V.橄欖油…150ml
醋（卡本內蘇維濃紅酒醋）…20ml

將蕃茄熬煮至剩下一半的量，和其他材料一起用攪拌器攪打。

炭烤褐石斑魚

❶ 將靜置超過5天的褐石斑魚切成2人份以上的大小，串上鐵籤。噴上海水，在常溫下靜置片刻。
❷ 將醃漬液塗在褐石斑魚上，在常溫下靜置1小時以上，要烤的5～10分鐘前置於炭床旁邊預備。移動到炭火上方開始烤，適時上下翻面，並塗上追加的醃漬液。
❸ 靜置片刻後切塊。

最後步驟

在盤中放入黑蒜泥（用攪拌棒攪打黑蒜頭以及等量的煮沸鮮奶油）。擺上切好並撒上馬爾頓鹽的褐石斑魚，添上葉菜束。

北海道喜知次魚湯

（彩頁 P.200-201）

—

炭烤喜知次魚

步驟參考彩頁。

喜知次魚湯

喜知次魚的頭和骨頭…1kg
米…60g
A
- 焦糖洋蔥（P.240）…80g
- 蕃茄…4顆
- 大蒜…1株
- 義大利荷蘭芹…少量
- 雪莉酒（辣）…100ml
- 雪莉酒（甜）…100ml

水…2L

❶ 用E.V.橄欖油炒喜知次魚的頭以及骨頭，加入米。
❷ 用攪拌棒將A打成泥，加入①中，熬煮到水分蒸發。
❸ 倒入熱水後煮20分鐘，用鹽巴調味後過濾。

烤茄子泥

茄子烤好後去皮，和分量15%的鮮奶油、E.V.橄欖油一起用攪拌棒攪打。

煙燻菊芋泥

在帶皮的菊芋上塗E.V.橄欖油，用鋁箔紙包起來，以180℃的烤箱加熱。去皮後和分量30%的鮮奶油一起用攪拌器攪拌，再用煙燻槍增添香氣。

最後步驟

將2種泥倒入盤中，盛上喜知次魚，添上綜合嫩葉生菜。在客人面前倒入魚湯。

立鱗燒馬頭魚
佐咖哩風味的
巴斯克蘋果酒醬汁

（彩頁 P.202-203）

—

立鱗燒馬頭魚

❶ 將馬頭魚切成魚排，用脫水膜夾住，靜置4～5小時。串上鐵籤，在兩面噴上海水。包上保鮮膜靜置1小時，使海水滲入。
❷ 將加熱到200℃的油淋在鱗片上數次，使鱗片立起。
❸ 讓鱗片側朝下放在炭床上烤（約4分鐘），過程中要噴灑2次魚醬。翻面烤肉1分鐘後切塊，在鱗片側撒上馬爾頓鹽。

咖哩風味巴斯克蘋果酒醬汁

紅蔥頭（切末）…90g
E.V.橄欖油…70ml
青蘋果（切丁）…120g
咖哩粉…1.5g
蘋果酒（西班牙巴斯克生產的蘋果酒）…100ml
魚湯…250ml
鮮奶油（35%）…15ml
奶油…5g

❶ 加熱紅蔥頭和E.V.橄欖油，做成油漬紅蔥頭。
❷ 加入青蘋果炒約1分鐘，接著放入咖哩粉與蘋果酒稍微煮過。
❸ 倒入加熱好的魚湯（將魚骨2kg、水2L、昆布15㎝與日本酒500ml煮30分鐘後過濾）和1撮鹽巴，沸騰後繼續煮10分鐘。
❹ 放入鮮奶油和奶油加熱2分鐘，用攪拌器攪打後過濾。

檸檬薑風味泡泡

使用手持電動攪拌棒，將檸檬汁100ml、薑汁30ml、水300ml與適量大豆卵磷脂打發起泡。

最後步驟

將醬汁倒入盤中，盛上馬頭魚。添上檸檬薑風味泡泡和紫蘇花，最後將綠蘆筍片捲起來當裝飾。

攝影
天方晴子

美術指導、設計
吉澤俊樹（ink in inc）

採訪（Zurriola）、校對
渡邊由美子

採訪、編輯
木村真季（柴田書店）

海鮮料理創意技法
頂級主廚無國界海味饗宴87道

—

2023年5月1日初版第一刷發行
2023年9月15日初版第二刷發行

編　著　柴田書店
譯　者　曹茹蘋
編　輯　吳欣怡
美術編輯　黃瀞瑢
發 行 人　若森稔雄
發 行 所　台灣東販股份有限公司
<地址>台北市南京東路4段130號2F-1
<電話>(02)2577-8878
<傳真>(02)2577-8896
<網址>http://www.tohan.com.tw
郵撥帳號　1405049-4
法律顧問　蕭雄淋律師
總 經 銷　聯合發行股份有限公司
<電話>(02)2917-8022

—

國家圖書館出版品預行編目（CIP）資料

海鮮料理創意技法：頂級主廚無國界海味饗宴87道/柴田書店編；曹茹蘋譯. -- 初版. -- 臺北市：臺灣東販股份有限公司, 2023.05
248面；21×27.4公分
ISBN 978-626-329-790-6(平裝)

1.CST: 海鮮食譜 2.CST: 烹飪

427.25　　112003727